westermann

Multiplizieren und Dividieren

Erarbeitet von

Judith Beerbaum, Anja Göttlicher, Sarah Pfleger, Britta Wettels und Stephanie Zippel

in Zusammenarbeit mit der Westermann-Grundschulredaktion

Unter Beratung von

Henrieke Peter

Illustriert von

Angelika Citak, Heike Heimrich und Karoline Kehr

Flex und Flo Mathematik 2

Zeichenerklärung

S. 5
1 a) 8 + 9 = 17
6 + 7 =

Du löst alle Aufgaben in deinem Heft. Hier findest du ein Beispiel für den Hefteintrag.

Male/Zeichne mit der entsprechenden Farbe in dein Heft.

Benutze Material.

Bearbeite die Aufgabe in Partnerarbeit.

Addieren heißt plus rechnen.

Hier steht ein neues Fachwort.

Grundaufgabe 2 + 2 = 4, also 32 + 2 = 34

Hier steht ein neues Fachwort oder ein neues Beispiel, wie du über Mathematik sprechen kannst.

AH S. 28-29 Verweis auf weitere Übungen auf den angegebenen Seiten im Flex und Flo Arbeitsheft 2 (Ausgabe 2021)

R7 Verweis auf passenden Diagnosetest im Flex und Flo Diagnoseheft 2 (Ausgabe 2021)

12 A-E Verweis auf passende herausfordernde Aufgaben in der Flex und Flo Entdeckerkartei 2 (Ausgabe 2021)

Verweis auf passende interaktive Übungen

1 **Aufgabe aus dem Anforderungsbereich I**
Reproduzieren: erfordert Grundwissen und das Ausführen von Routinetätigkeiten

1 **Aufgabe aus dem Anforderungsbereich II**
Zusammenhänge herstellen: erfordert das Erkennen und Nutzen von Zusammenhängen

1 **Aufgabe aus dem Anforderungsbereich III**
Verallgemeinern und Reflektieren: erfordert komplexe Tätigkeiten wie Strukturieren, Entwickeln von Strategien, Beurteilen und Verallgemeinern

Einführung von Fachwörtern oder Redemitteln
Eine Sammlung der im Heft eingeführten Fachwörter und Redemittel zum Nachschlagen findet sich auf der letzten Doppelseite und der Beilage „Fachwörter und Redemittel 3".

Medienbildung und Mathematiklernen verbinden
Anregung zur Bearbeitung mathematischer Lerninhalte mit digitalen Werkzeugen

Erklärvideo in der BiBox

Tipp zur Verknüpfung der Themenhefte

Inhaltsverzeichnis

Viele Malaufgaben

1 a)

b)

c)

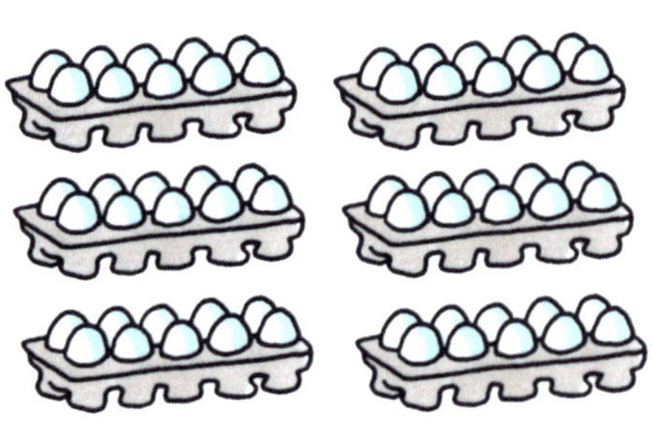

Über das Bild sprechen. Multiplikationsaufgaben im Bild suchen und aufschreiben.
Vorherige Bearbeitung Themenheft Addieren und Subtrahieren bis S. 36 empfohlen.

d)

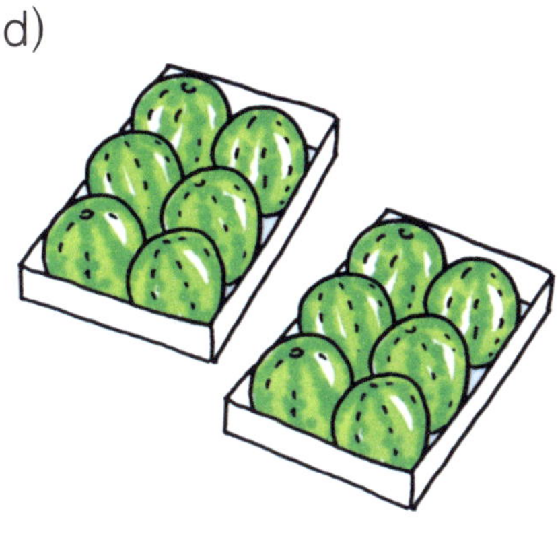

e)

1 a) 4 mal 5 Brötchen

Malaufgaben und Plusaufgaben

1 a)

1 a) 3 · 5 = ___

5 + 5 + 5 = ___

b)

b)

c)

d)

e)

Multplikationsaufgaben finden und auf den eigenen Klassenraum übertragen.

Fotografie: Multiplikativ angeordnete Mengen fotografieren, präsentieren (ggf. speichern und ausdrucken oder für eine digitale Pinnwand nutzen) und Mal- und Plusaufgabe dazu finden.

Erklärvideo: Malaufgaben und Plusaufgaben

Malaufgaben und Plusaufgaben

1 Schreibe die passende Malaufgabe und die Plusaufgabe auf.

a) 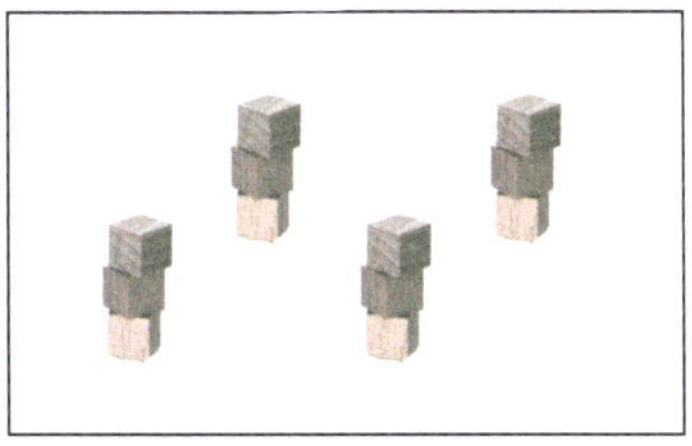

b) 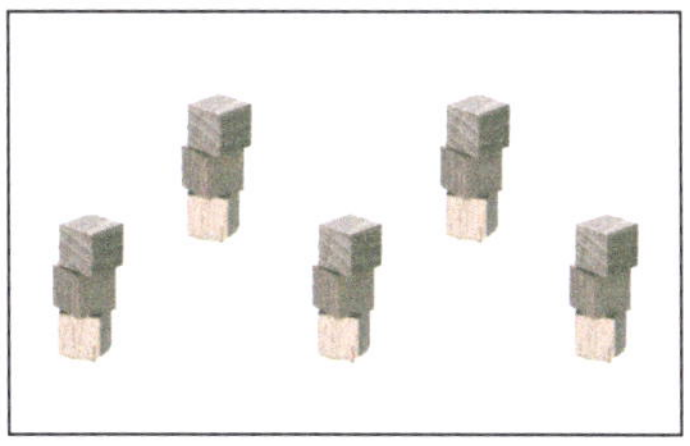

c) 

d) 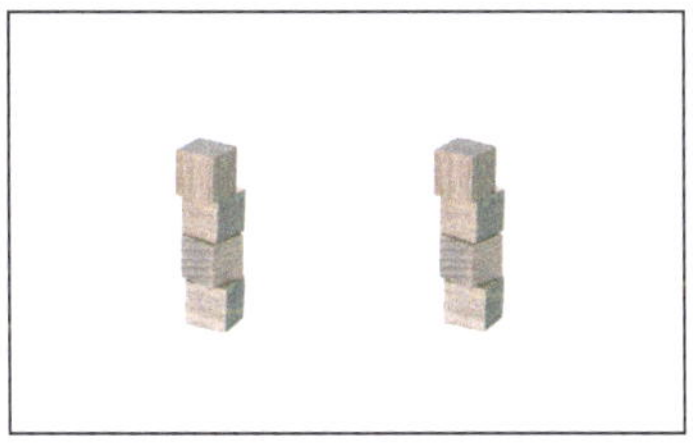

e) 

f) 

2

a) 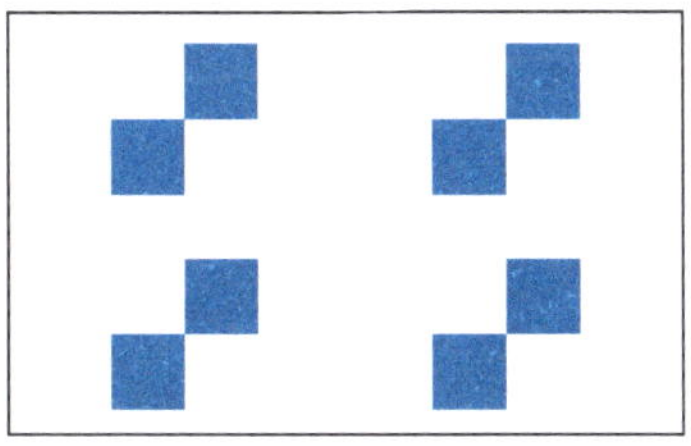

b) 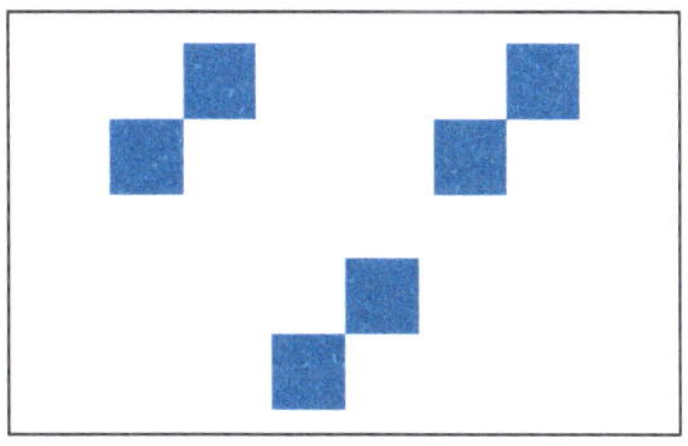

c) 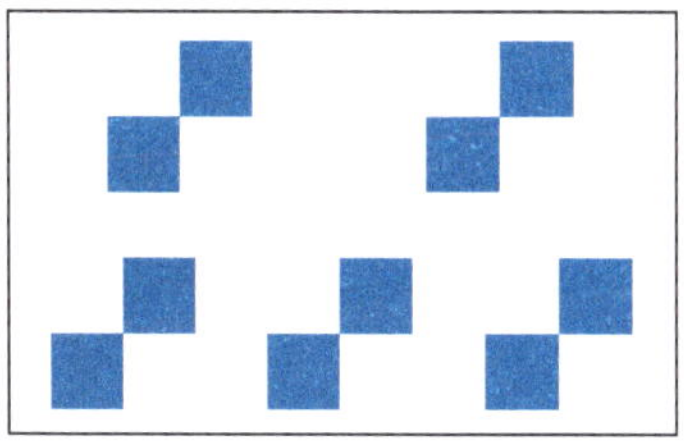

3

a) 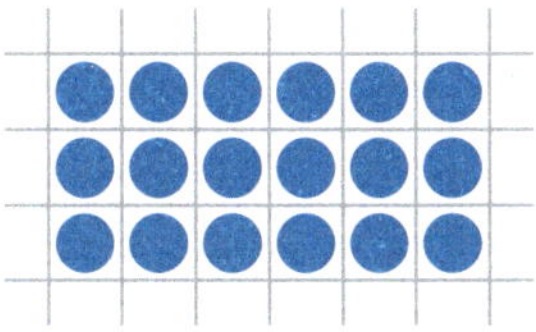

b) 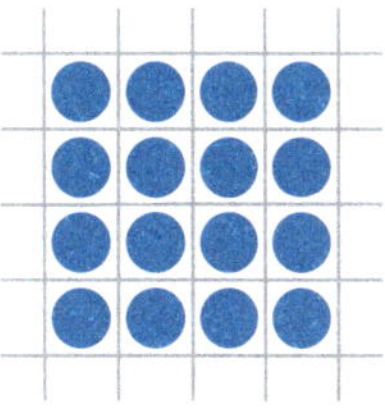

3 a) 3 · 6 =

6 + 6 + 6 =

c) 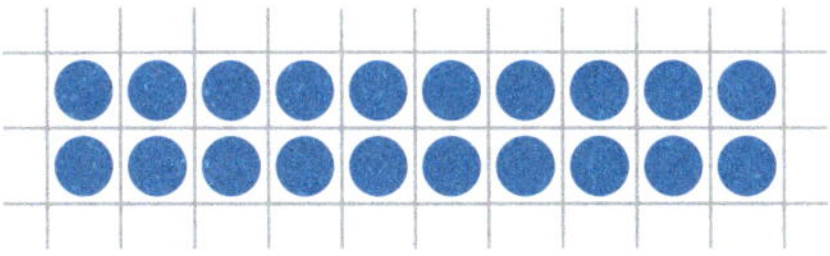

d) 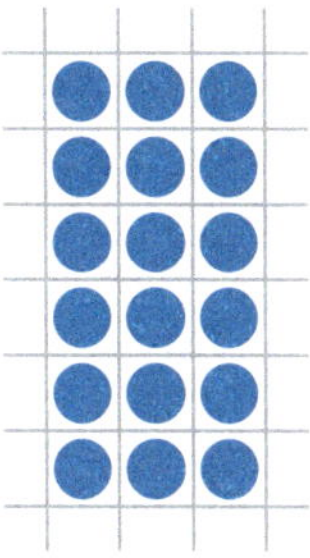

e) 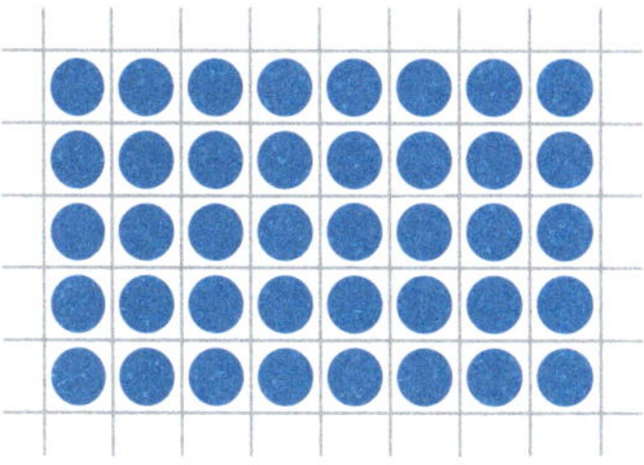

4 Male Punktefelder zu den Aufgaben wie in Aufgabe 3.

2 · 3	3 · 5	3 · 4
4 · 2	1 · 7	5 · 3

4) 2 · 3

5 Malt Punktefelder wie in Aufgabe 3. Tauscht die Hefte.
Das Partnerkind schreibt die Malaufgabe und die Plusaufgabe dazu.

AH S. 28

1–3 Immer die passende Multiplikations- und Additionsaufgabe schreiben.

Plusaufgaben und Malaufgaben

1 a)

1 a) $5 + 5 + 5 = \_\_\_$

$3 \cdot 5 = \_\_\_$

b)

c)

2 Von der Plusaufgabe zur Malaufgabe. Schreibe wie in Aufgabe 1.

a)	b)	c)	d)
2 + 2 + 2	9 + 9 + 9 + 9	4 + 4 + 4 + 4 + 4	10 + 10
6 + 6 + 6	3 + 3 + 3 + 3	2 + 2 + 2 + 2 + 2	10 + 10 + 10
8 + 8 + 8	6 + 6 + 6 + 6	7 + 7 + 7 + 7 + 7	9 + 9 + 9

3 Nun umgekehrt.

Schreibe zur Malaufgabe die Plusaufgabe auf.

a)	b)	c)	d)
$2 \cdot 8$	$2 \cdot 9$	$5 \cdot 2$	$9 \cdot 1$
$2 \cdot 6$	$3 \cdot 5$	$4 \cdot 5$	$1 \cdot 9$

3 a) $2 \cdot 8 = \_\_\_$

$8 + 8 = 16$

AH S. 29

Malaufgaben am Hunderterfeld

1 Schreibe zu jedem Hunderterfeld die Malaufgabe auf.

a) 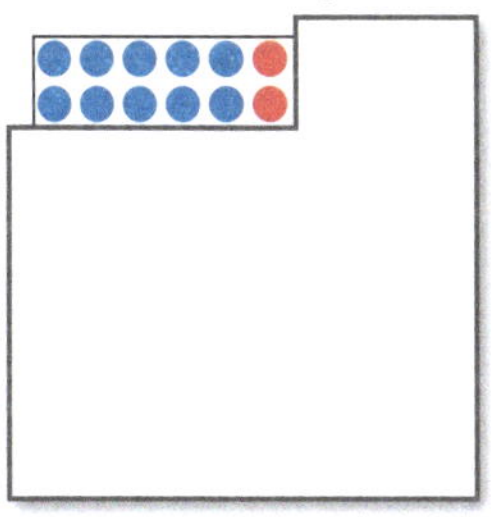 b) 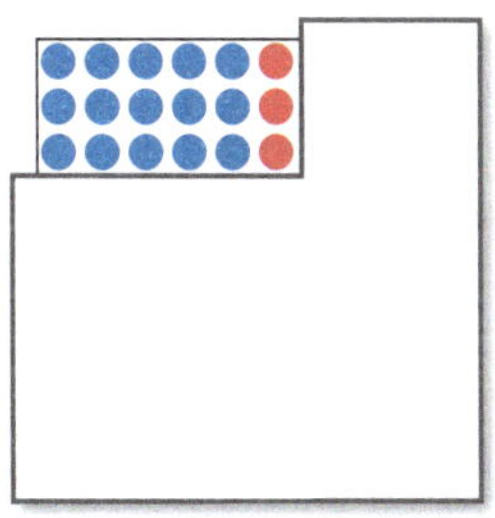 c) 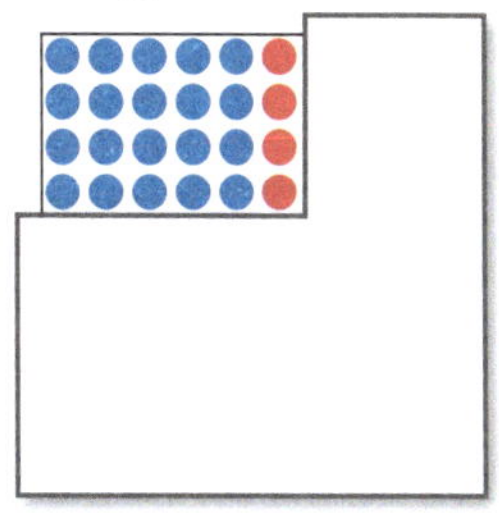 d) 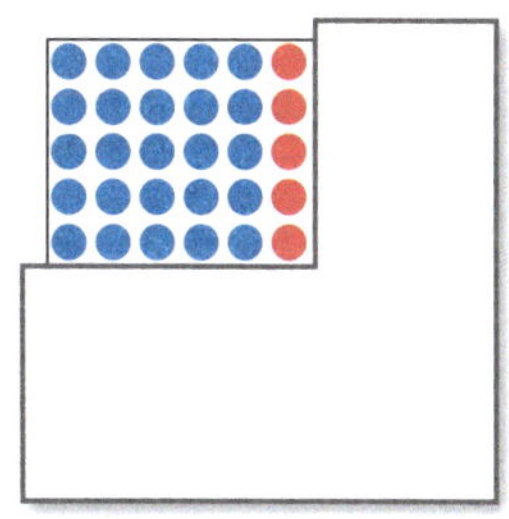

2 a) 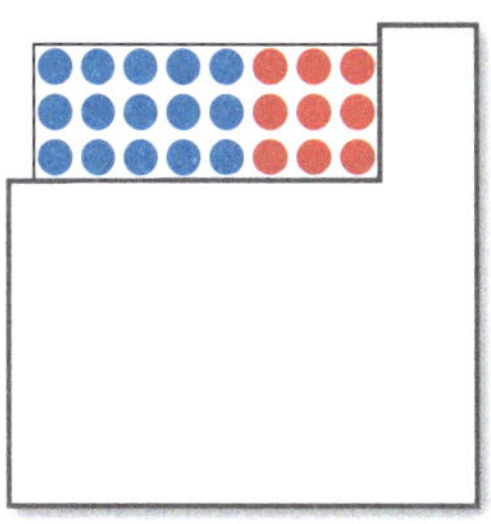 b) 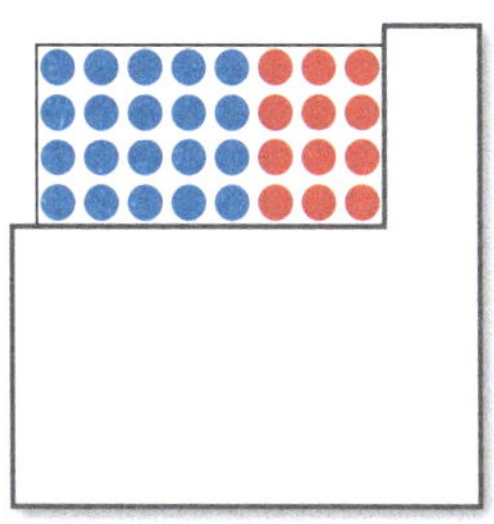 c) 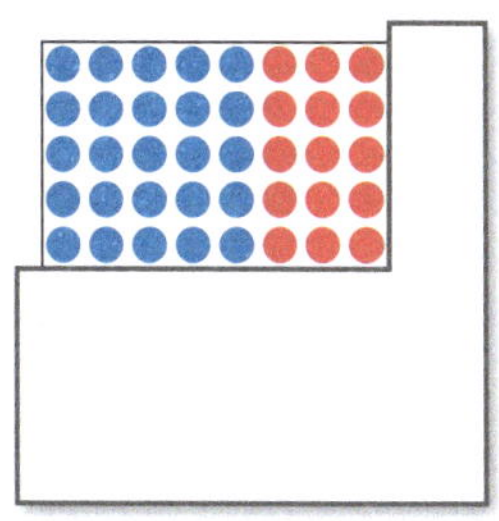 d) 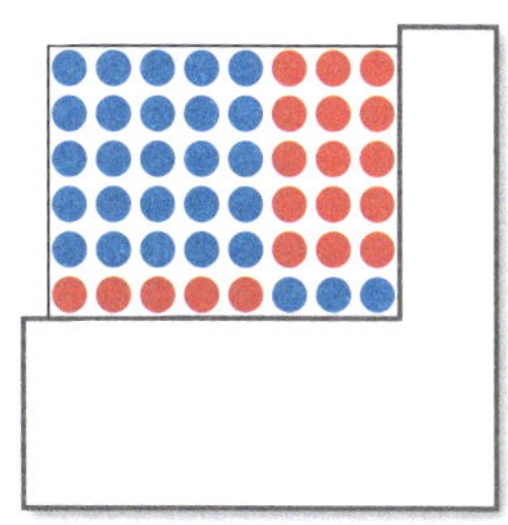

3 a) 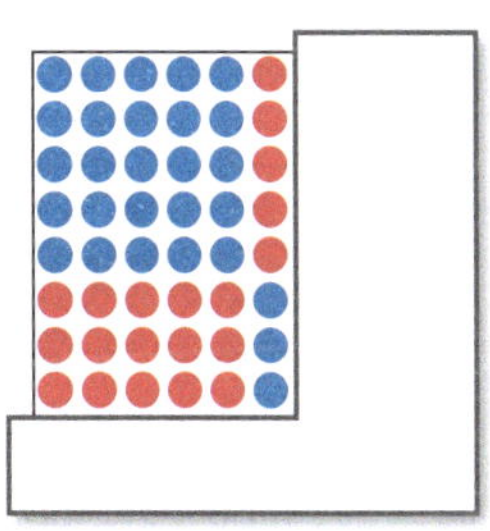 b) 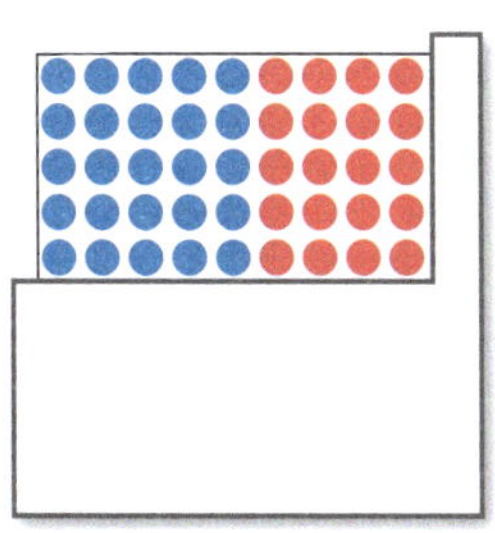 c) 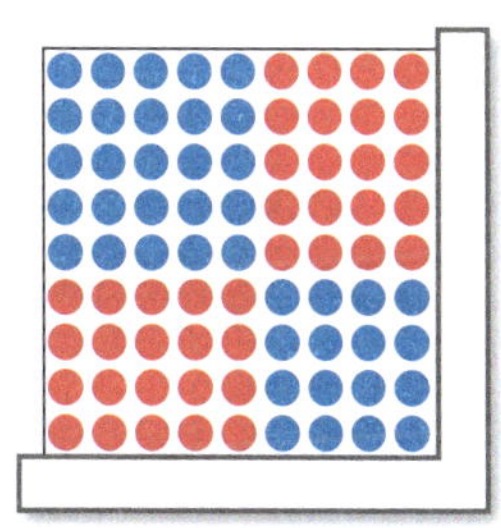 d) 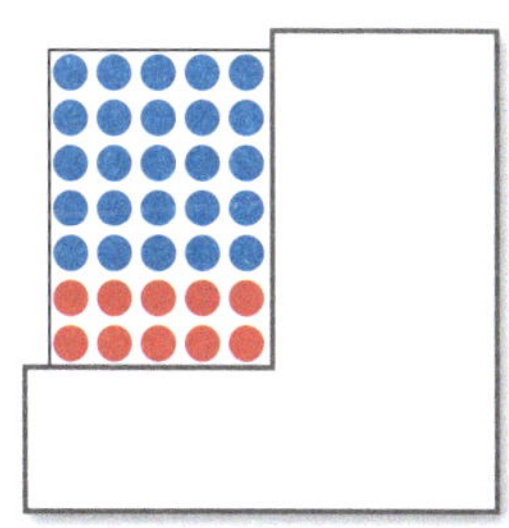

4 Zeige am Hunderterfeld, dein Partnerkind kontrolliert.

5 · 5   4 · 8   7 · 6   9 · 2   10 · 4   4 · 7   3 · 9   9 · 3

5 Zeige eine Malaufgabe am Hunderterfeld, dein Partnerkind sagt die Aufgabe. Wechselt euch ab.

R7

1–5 Hunderterfeld nutzen. Abdeckwinkel als Kopiervorlage in der Handreichung/BiBox für Lehrer/-innen.

Aufgabe und Tauschaufgabe

2 · 4 = 8	**Aufgabe**
4 · 2 = 8	**Tauschaufgabe**

1 Schreibe zu jedem Bild die Aufgabe und die Tauschaufgabe.

a) 

b) 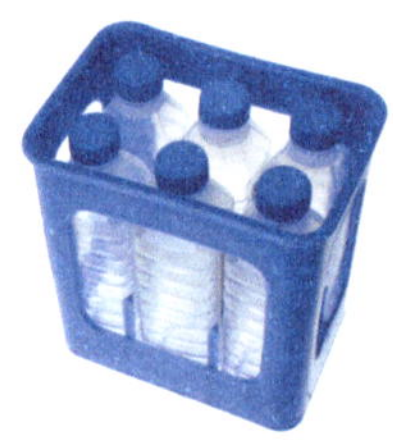

1 a) 3 · 4 = ___
4 · 3 = ___

c) 

d) 

e) 

2 Schreibe zu jedem Rechteck die Aufgabe und die Tauschaufgabe.

a) 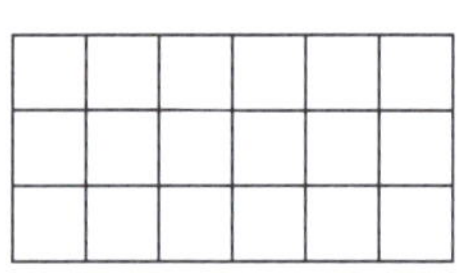

b) 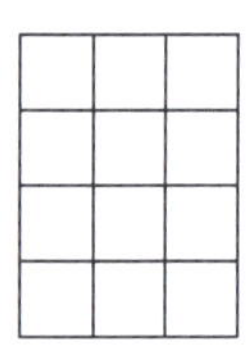

c) 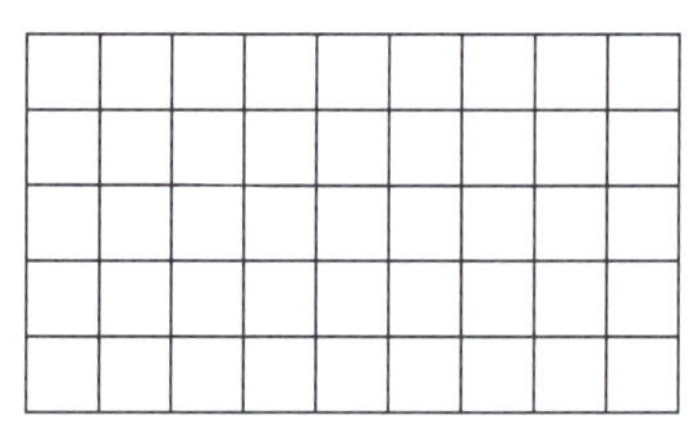

d) 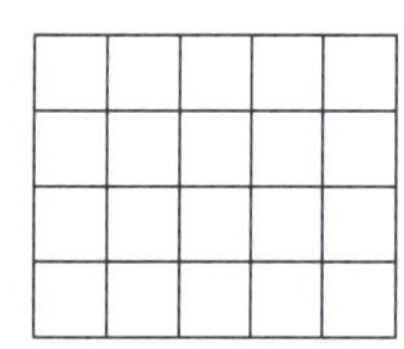

3 Zeichne wie Flex Rechtecke zu Malaufgaben. Dein Partnerkind schreibt die Aufgabe und die Tauschaufgabe dazu.

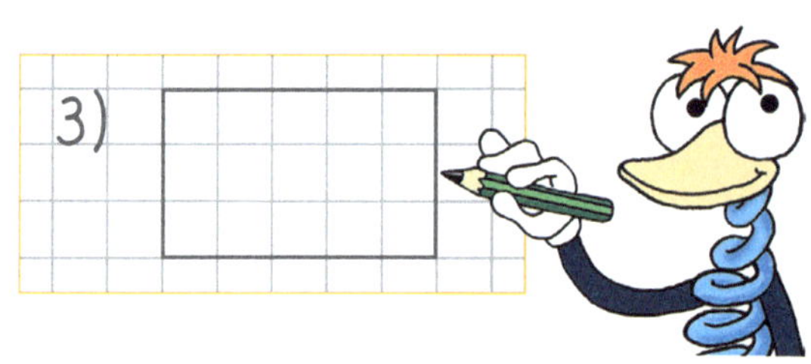

4 Welche Aufgabe passt? Löst sie.

a) 

7 · 3 = ___ oder 3 · 7 = ___

b) 

10 · 2 = ___ oder 2 · 10 = ___

Videoaufnahme: Erklärfilm zu Aufgabe und Tauschaufgabe aufnehmen.

Aufgabe und Tauschaufgabe

1 Aufgabe und Tauschaufgabe. Schreibe in dein Heft.

a) 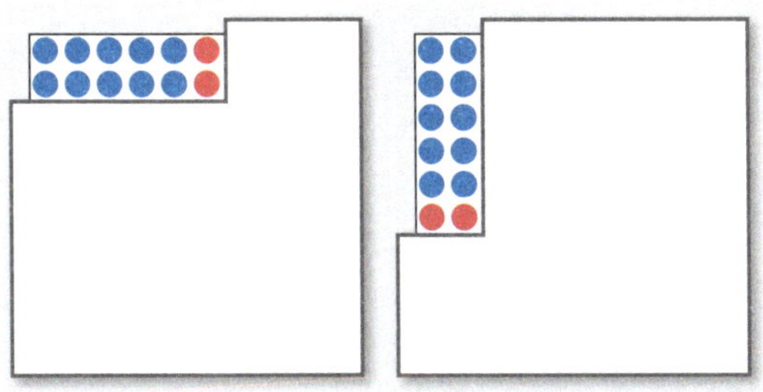

b) 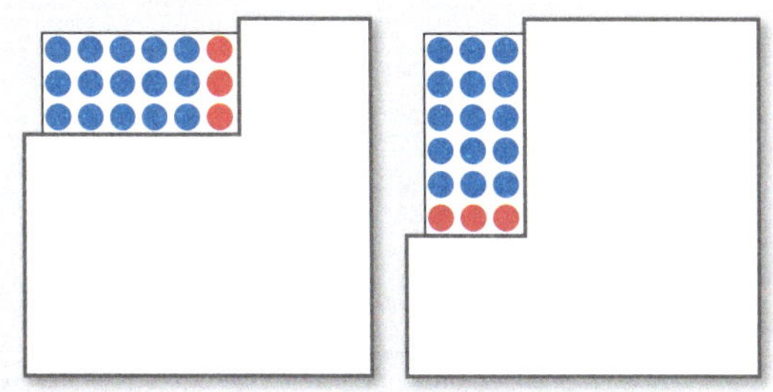

2

a) 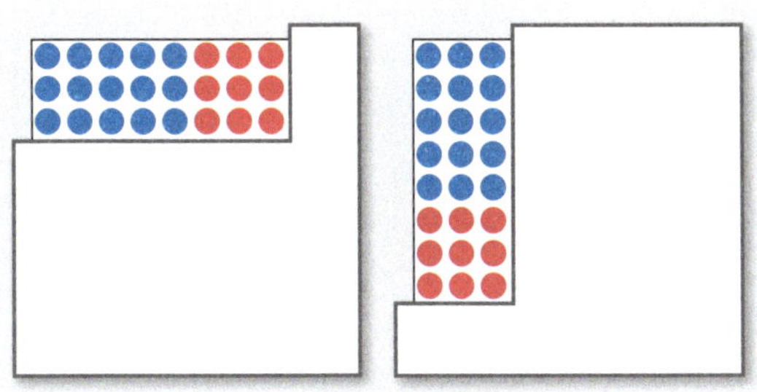

b) 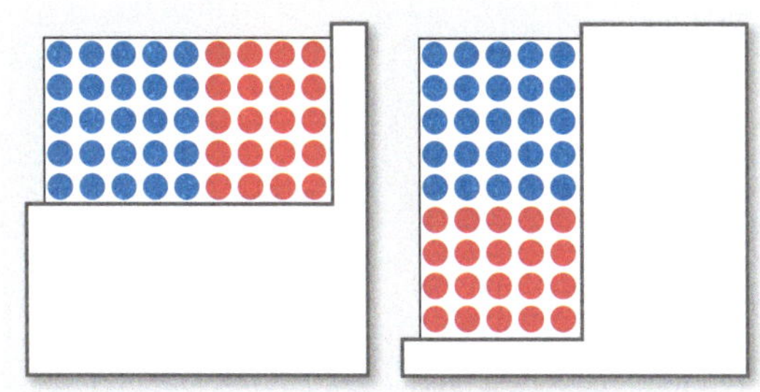

3

a) 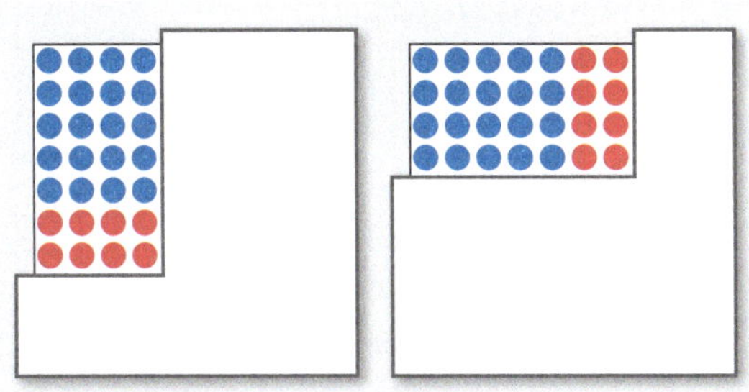

b) 

4 Zeige die Malaufgaben am Hunderterfeld und rechne.

a) 2 · 8	b) 3 · 5	c) 5 · 7	d) 6 · 4	e) 6 · 9
8 · 2	5 · 3	7 · 5	4 · 6	9 · 6

5 Zeige eine Malaufgabe am Hunderterfeld.
Dein Partnerkind zeigt die Tauschaufgabe. Wechselt euch ab.

Verdoppeln

1 Hier wird verdoppelt. Schreibe die passende Malaufgabe auf.

a)

1 · 2

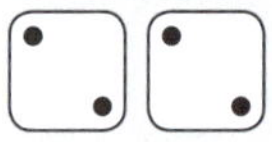

2 · 2

1 a) 1 · 2 = 2
2 · 2 = 4

b) 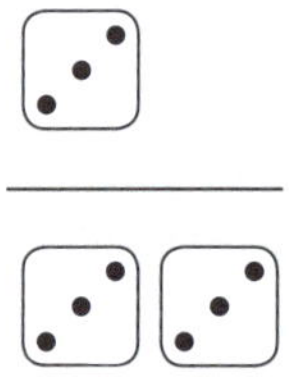

c) 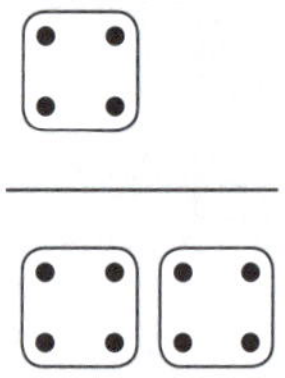

d) 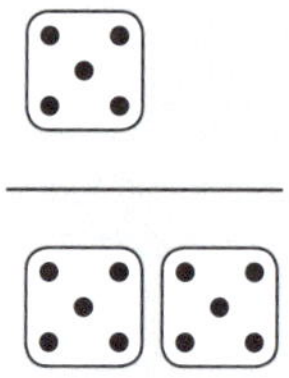

e) 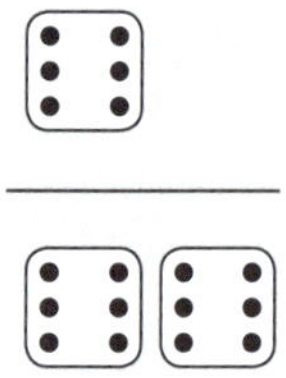

2 Schreibe die Plusaufgabe und die Malaufgabe auf.

a) 3 + 3 b) 5 + 5 c) 7 + 7 d) 0 + 0 e) 4 + 4
6 + 6 2 + 2 8 + 8 9 + 9 1 + 1

2 a) 3 + 3 = 6
2 · 3 = 6

3 Kannst du auch schon diese Aufgaben zum Verdoppeln lösen?

a) 30 + 30 b) 20 + 20 c) 15 + 15 d) 25 + 25 e) 35 + 35

4 Schreibe eigene Aufgaben zum Verdoppeln und löse sie.

5 Aufgabe und Tauschaufgabe. Schreibe beide Aufgaben in dein Heft.

a) 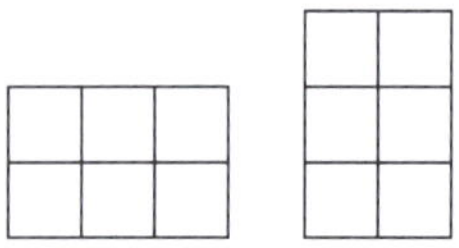

b) 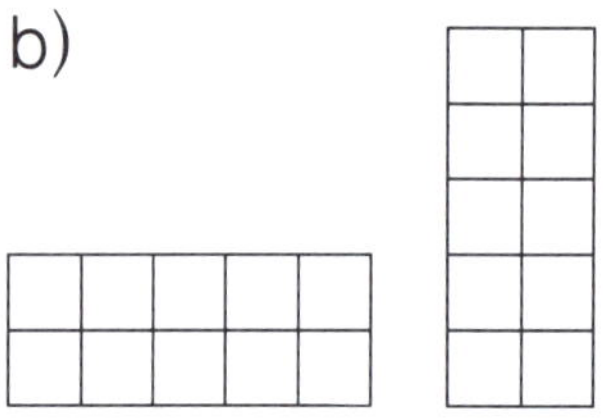

c) 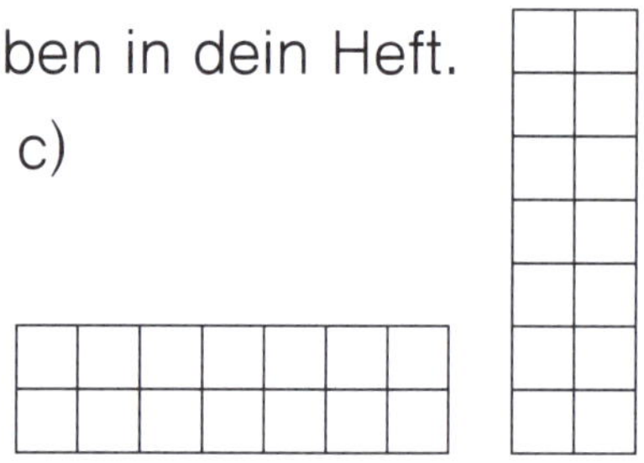

6 a) 2 · 6 b) 2 · 8 c) 2 · 9 d) 2 · 10 e) 2 · 0
6 · 2 8 · 2 9 · 2 10 · 2 0 · 2

7 a) 2 · 30 b) 2 · 50 c) 2 · 15 d) 2 · 11 e) 2 · 25
30 · 2 50 · 2 15 · 2 11 · 2 25 · 2

8 Schreibe eigene Aufgaben und die Tauschaufgabe wie in Aufgabe 7.

Einmaleins der 2

1 Zeige die Malaufgaben am Hunderterfeld. Schreibe in dein Heft.

1 · 2	3 · 2	5 · 2	7 · 2	9 · 2
2 · 2	4 · 2	6 · 2	8 · 2	10 · 2

2 Aufgabe und Ergebnis. Was gehört zusammen? Schreibe in dein Heft.

10 · 2   6 · 2   2 · 2   20   8 · 2

12   4   0 · 2   0   16

3 Zeige die Malaufgabe und die Tauschaufgabe am Hunderterfeld.
Schreibe beide Aufgaben in dein Heft.

a) 7 · 2	b) 1 · 2	c) 9 · 2	d) 6 · 2
2 · 7	2 · 1	___	___
e) 4 · 2	f) 8 · 2	g) 10 · 2	h) 3 · 2
___	___	___	___

4

a) 4 = ___ · 2	b) 20 = ___ · 2	c) 6 = ___ · 2	d) 2 = ___ · 2
16 = ___ · 2	18 = ___ · 2	12 = ___ · 2	0 = ___ · 2

5 Hier fällt etwas auf!

a) 2 · 1	b) 2 · 2	c) 2 · 3	d) 2 · 4	e) 2 · 5
2 · 2	2 · 4	2 · 6	2 · 8	2 · 10

6 Findet die Regel. Setzt fort, so weit wie ihr könnt.

4 · 2	5 · 2	6 · 2	7 · 2
8 · 2	10 · 2	12 · 2	___

AH S. 30

Das Einmaleins der 2 muss automatisiert werden.

1 Zeige die Malaufgaben am Hunderterfeld. Schreibe in dein Heft.

1 · 5	3 · 5	5 · 5	7 · 5	9 · 5
2 · 5	4 · 5	6 · 5	8 · 5	10 · 5

2 Aufgabe und Ergebnis. Was gehört zusammen? Schreibe in dein Heft.

3 · 5 | 5 · 5 | 0 · 5 | 7 · 5 | 15 | 45 | 10 | 0 | 2 · 5 | 8 · 5 | 10 · 5 | 35 | 50 | 25 | 40 | 9 · 5

3 Zeige die Malaufgabe und die Tauschaufgabe am Hunderterfeld.
Schreibe beide Aufgaben in dein Heft.

a) 7 · 5 5 · 7	b) 4 · 5 __	c) 2 · 5 __	d) 9 · 5 __
e) 6 · 5 __	f) 8 · 5 __	g) 3 · 5 __	h) 10 · 5 __

4

a) 15 = __ · 5	b) 20 = __ · 5	c) 50 = __ · 5	d) 45 = __ · 5
35 = __ · 5	40 = __ · 5	30 = __ · 5	5 = __ · 5

5

a) 5 · __ = 10	b) 5 · __ = 25	c) 5 · __ = 40	d) 5 · __ = 35
5 · __ = 20	5 · __ = 30	5 · __ = 5	5 · __ = 45

AH S. 31

Einmaleins der 10

1 Zeige die Malaufgaben am Hunderterfeld. Schreibe in dein Heft.

1 · 10	3 · 10	5 · 10	7 · 10	9 · 10
2 · 10	4 · 10	6 · 10	8 · 10	10 · 10

2

a) 30 = __ · 10	b) 20 = __ · 10	c) 70 = __ · 10	d) 40 = __ · 10
50 = __ · 10	80 = __ · 10	10 = __ · 10	90 = __ · 10

3 Hier fällt etwas auf!

a) 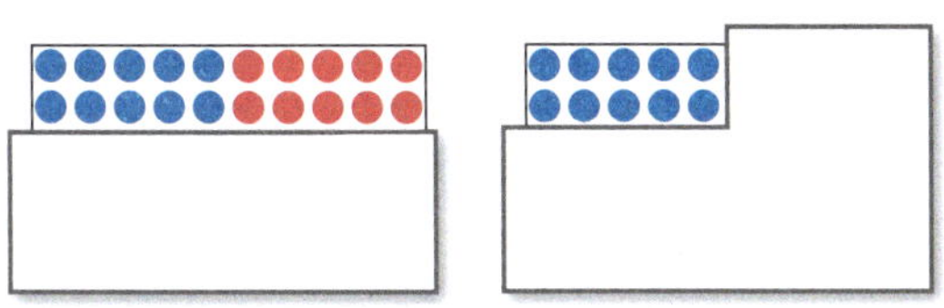

b) 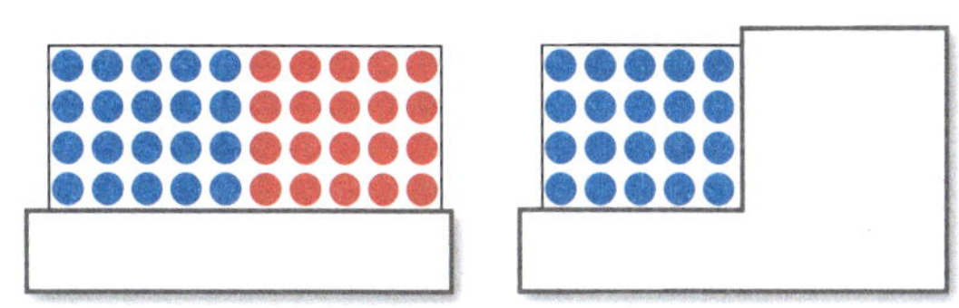

4 Immer zwei Aufgaben haben das gleiche Ergebnis. Schreibe in dein Heft.

2 · 10 | 3 · 10 | 2 · 5 | 5 · 10 | 10 · 5 | 4 · 5 | 6 · 5 | 1 · 10

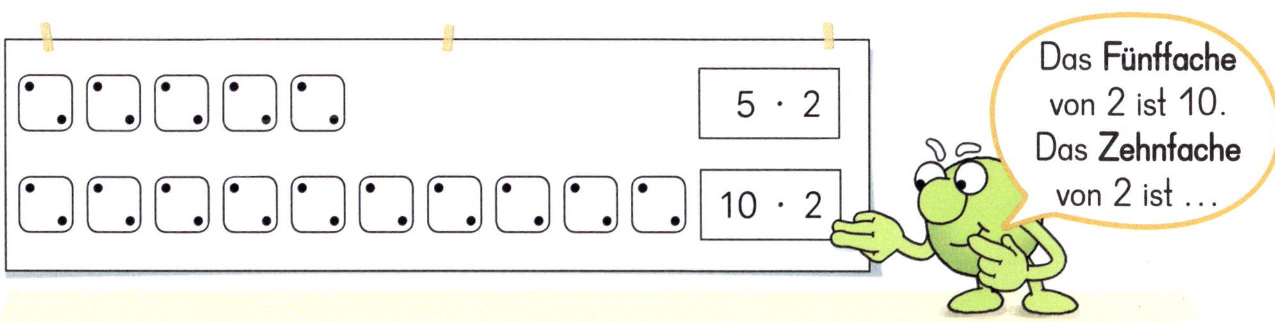

5

a) 5 · 2	b) 5 · 4	c) 5 · 3	d) 5 · 7	e) 5 · 9
10 · 2	10 · 4	10 · 3	10 · 7	10 · 9

Aufteilen und verteilen

1 a) 8 Äpfel.
Immer 2 Äpfel in eine Tüte.

Es sind 4 Tüten.

b) 12 Äpfel.
Immer 4 Äpfel in eine Tüte.

Es sind __ Tüten.

c) 10 Birnen.
Immer 5 Birnen in eine Tüte.

Es sind __ Tüten.

d) 9 Zitronen.
Immer 3 Zitronen in ein Netz.

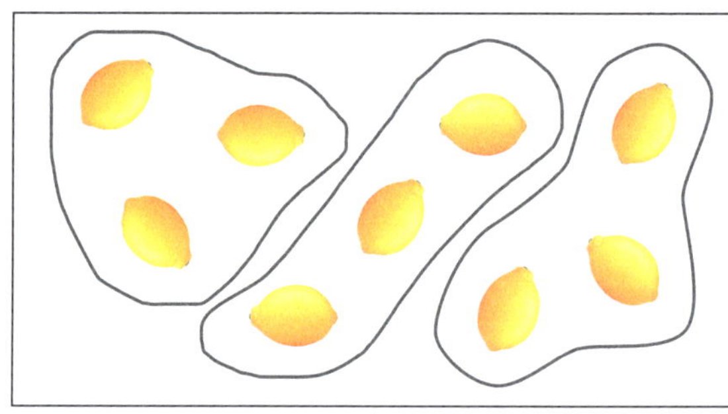

Es sind __ Netze.

2 Verteile gerecht. Male wie Flex und Flo in dein Heft.

a) 16 Kekse an 4 Kinder

Jedes bekommt __ Kekse.

b) 15 Kekse an 3 Kinder

Jedes bekommt __ Kekse.

R8
AH S. 32

Quadratmuster – Quadratzahlen

1 Schreibe zu den Quadratmustern die Malaufgabe und die Quadratzahl.

a) 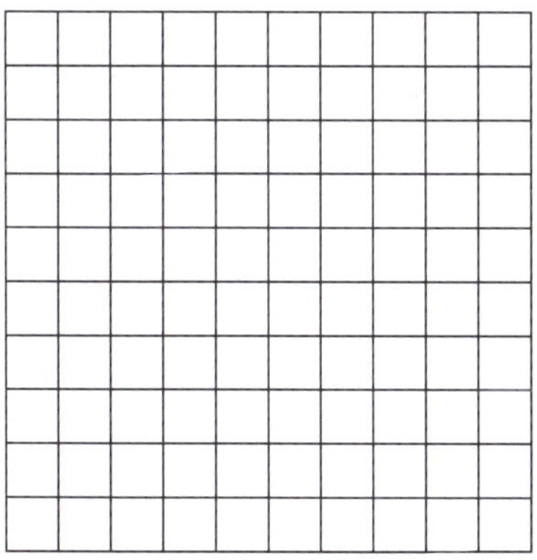

b) 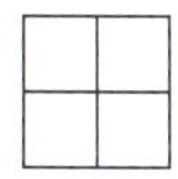

c) 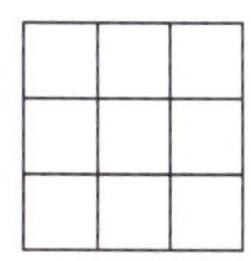

d) 

2 10 Quadrate! Findest du sie alle? Schreibe die Malaufgaben auf.

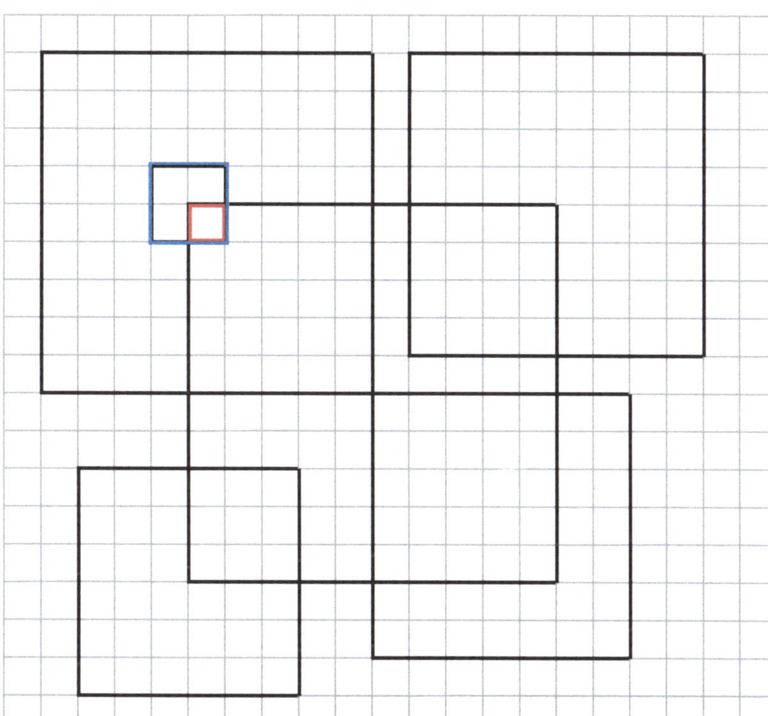

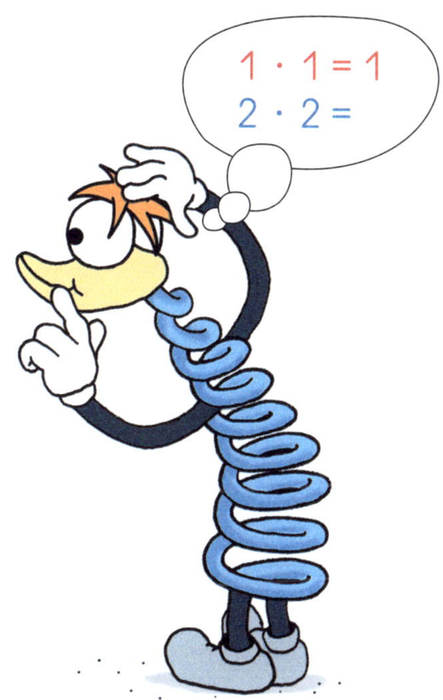

3 Wie heißt die Quadratzahl?

a) Sie liegt zwischen 20 und 30.

b) Sie liegt zwischen 30 und 40.

c) Sie liegt zwischen 10 und 20.

d) Sie liegt zwischen 60 und 70.

Aufgaben zu den Quadratzahlen müssen automatisiert werden.

Textverarbeitung: Tabelle zu den Quadratzahlen erstellen (Vorlage in der BiBox für Lehrer/-innen), als Merkhilfe nutzen.

AH S. 33

Blitzaufgaben

·	1	2	3	4	5	6	7	8
1		1 · 2 = 2						
2	2 · 1 = 2	2 · 2 = 4	2 · 3 = 6	2 · 4 = 8	2 · 5 = 10	2 · 6 = 1		
3		3 · 2 = 6						
4		4 · 2 = 8						
5		5 · 2 = 10						
6		6 · 2 = 12						
7		7 · 2 = 14						
8		8 · 2 = 16						
9		9 · 2 = 18						
10		10 · 2 = 20						

1. Trage die Aufgaben und die Ergebnisse der Zweier-Reihe in deine große Einmaleins-Tafel ein. Trage auch die Tauschaufgaben ein.

2. Trage die Aufgaben und Ergebnisse der Fünfer-Reihe und der Zehner-Reihe ein. Trage auch die Tauschaufgaben ein.

3. Trage die Quadratzahlen ein.

4. Trage die Einer-Reihe und die Tauschaufgaben ein.

5. Schreibe auf:
   a) Die Blitzaufgaben der Vierer-Reihe.
   b) Die Blitzaufgaben der Siebener-Reihe.
   c) Die Blitzaufgaben der Achter-Reihe.
   d) Die Blitzaufgaben der Dreier-Reihe.
   e) Die Blitzaufgaben der Sechser-Reihe.
   f) Die Blitzaufgaben der Neuner-Reihe.

AH S. 33

Mit Blitzaufgaben rechnen

1 Welche Blitzaufgabe hilft dir?

a) 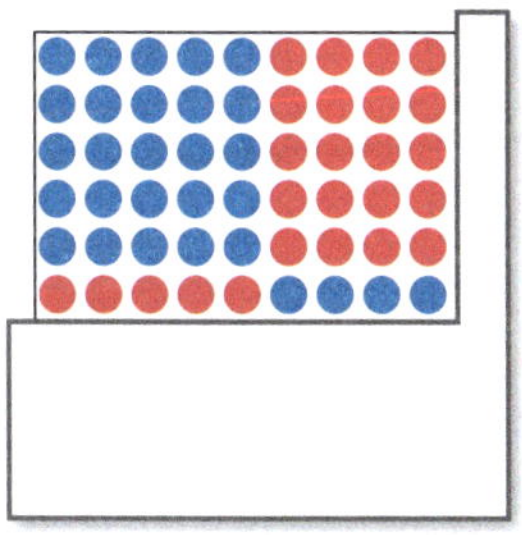

b) 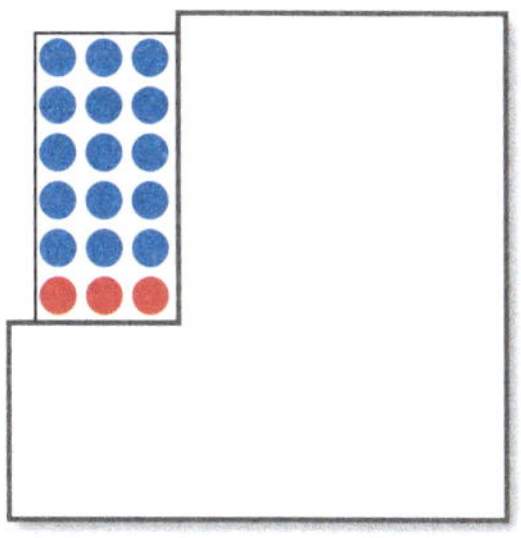

1 a) 6 · 9 =
5 · 9 =
1 · 9 =

2 Löse mit der Blitzaufgabe. Schreibe wie in Aufgabe 1.

a) 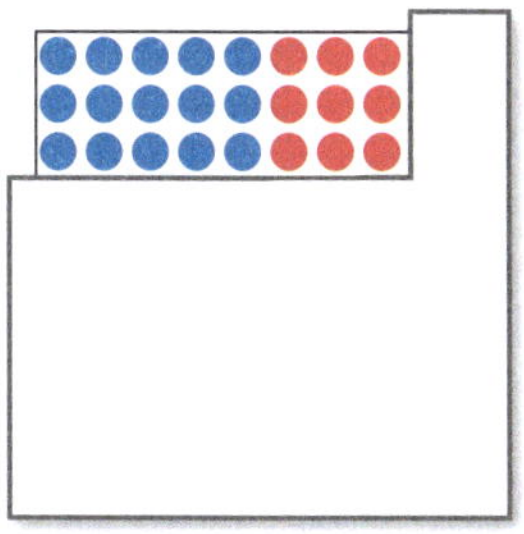

d) 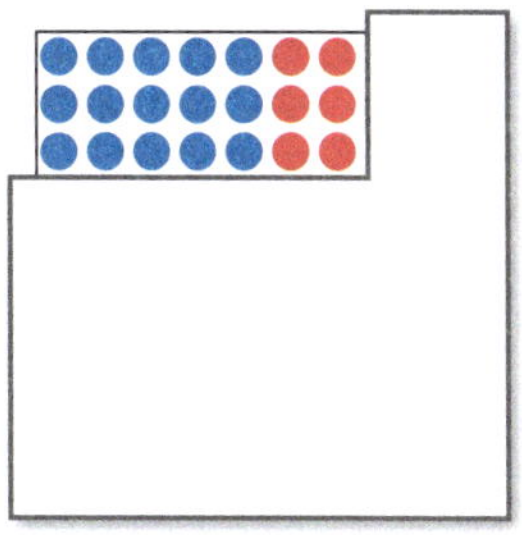

c) 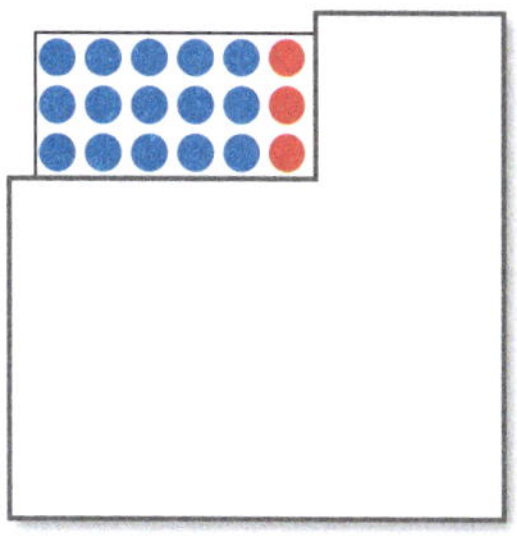

d) 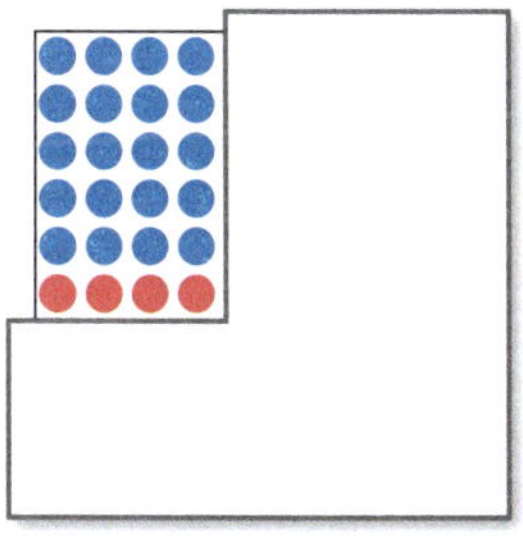

e) 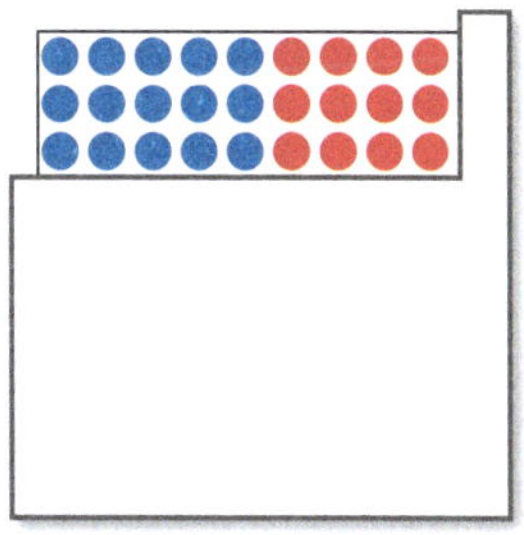

f) 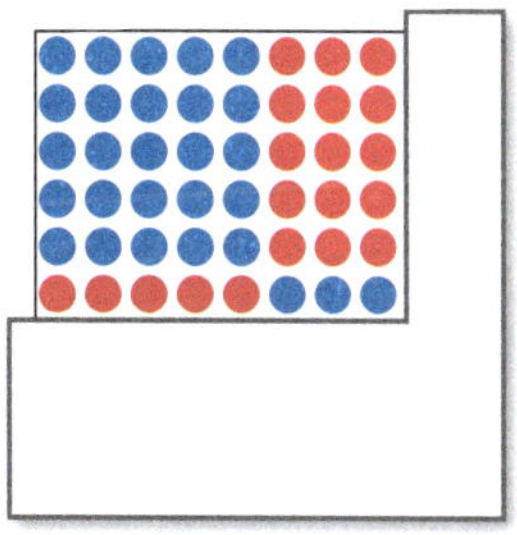

3 Löse mit der Blitzaufgabe.

a) 9 · 8 b) 8 · 7 c) 5 · 4

d) 7 · 6 e) 4 · 3 f) 6 · 5

3 a) 9 · 8 =
8 · 8 =
1 · 8 =

1–3 Hunderterfeld nutzen.
Videoaufnahme: Erklärfilm zum Lösen einer Aufgabe mit Blitzaufgabe aufnehmen.
Erklärvideo: Einmaleins – Mit Blitzaufgaben rechnen

AH S. 34

Mit Blitzaufgaben rechnen

1 Welche Blitzaufgabe hilft dir?

a) 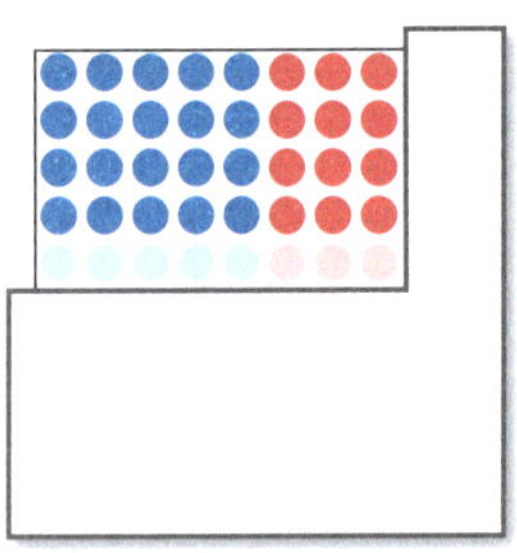

b) 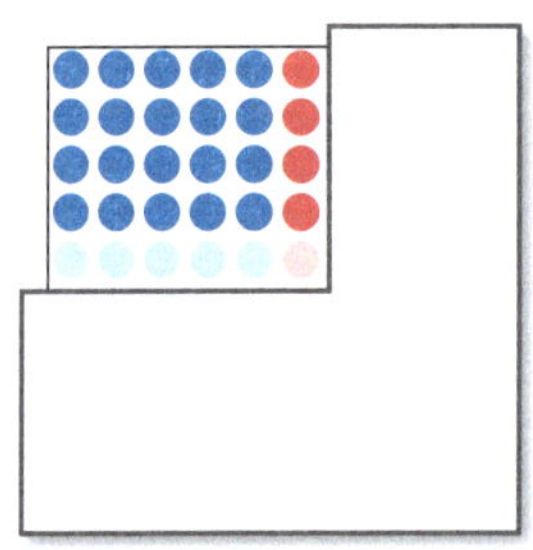

1 a) 4 · 8 =
5 · 8 =
1 · 8 =

2 Löse mit der Blitzaufgabe. Schreibe wie in Aufgabe 1.

a) 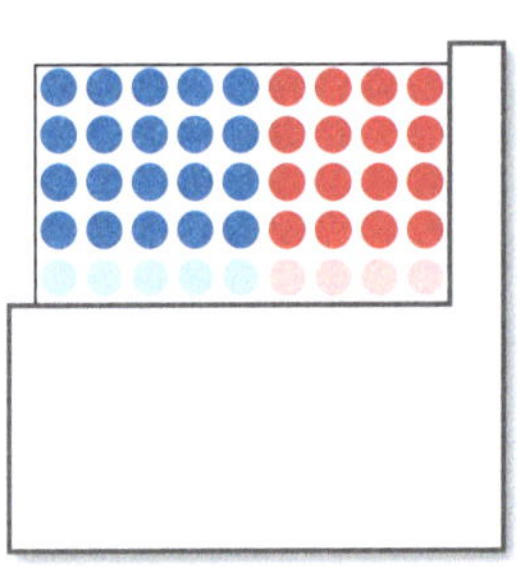

b) 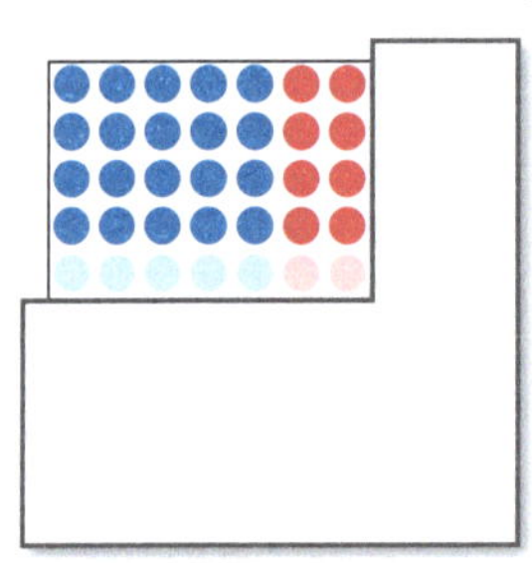

c) 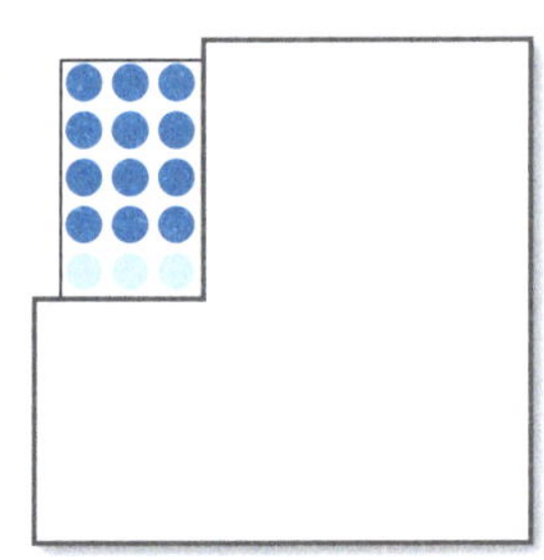

d) 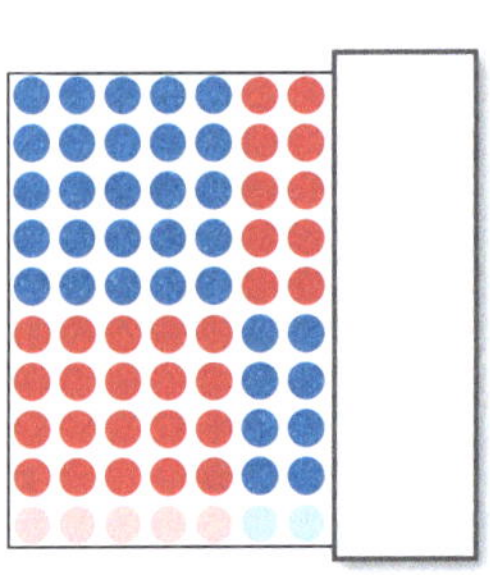

e) 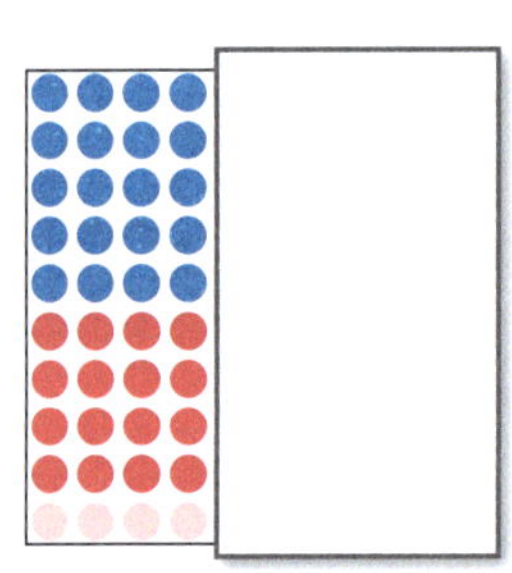

f) 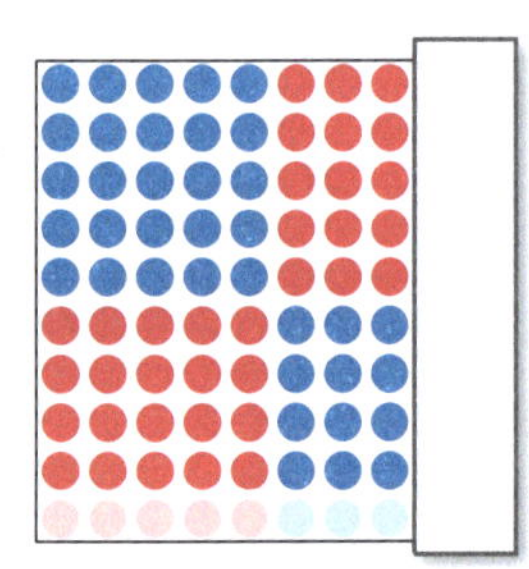

3 Löse mit der Blitzaufgabe.

a) 8 · 9 b) 5 · 6 c) 7 · 8

d) 6 · 7 e) 4 · 5 f) 3 · 4

3 a) 8 · 9 =
9 · 9 =
1 · 9 =

R9

AH S. 34

1–3 Hunderterfeld nutzen.
Videoaufnahme: Erklärfilm zum Lösen einer Aufgabe mit Blitzaufgabe aufnehmen.

Einmaleins der 4

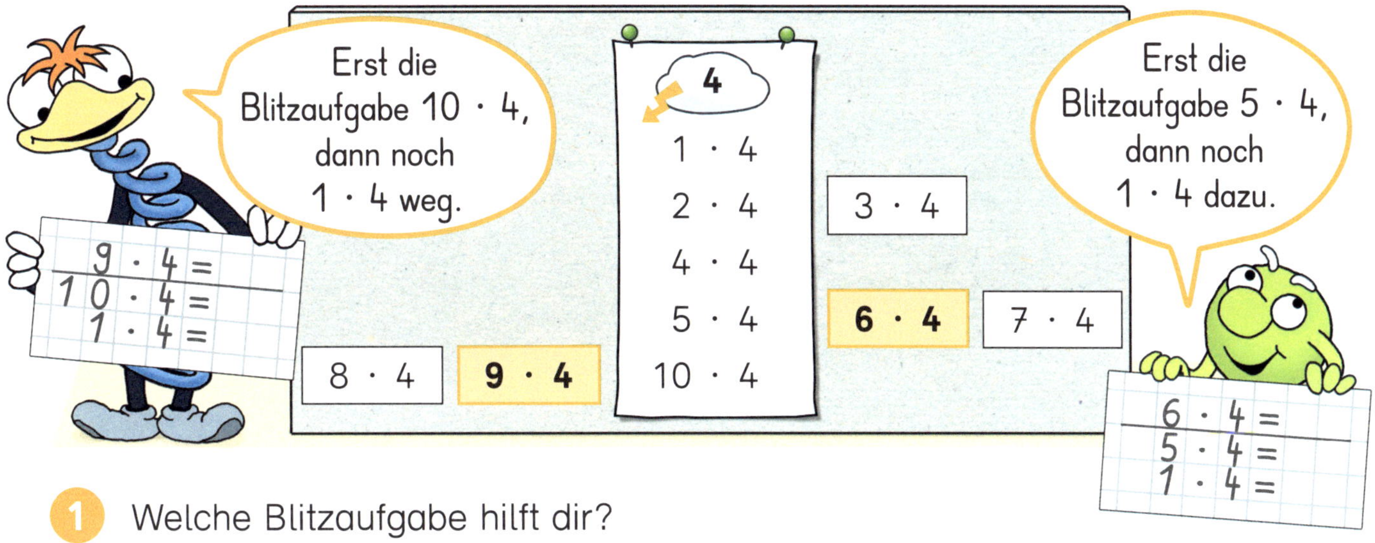

1 Welche Blitzaufgabe hilft dir?

a) 9 · 4 b) 6 · 4 c) 3 · 4

2

a)	b)	c)	d)	e)
⚡ 10 · 4	⚡ 5 · 4	⚡ 2 · 4	⚡ 4 · 4	⚡ 5 · 4
9 · 4	6 · 4	3 · 4	3 · 4	4 · 4
8 · 4	7 · 4	4 · 4	2 · 4	3 · 4

3 Aufgabe und Ergebnis. Was gehört zusammen? Schreibe in dein Heft.

9 · 4   7 · 4   3 · 4   0   6 · 4   8 · 4

0 · 4   32   36   24   28   12

4 Schreibe Aufgabe und Tauschaufgabe in dein Heft.

a) 3 · 4 b) 7 · 4 c) 8 · 4 d) 5 · 4

4 · 3   __   __   __

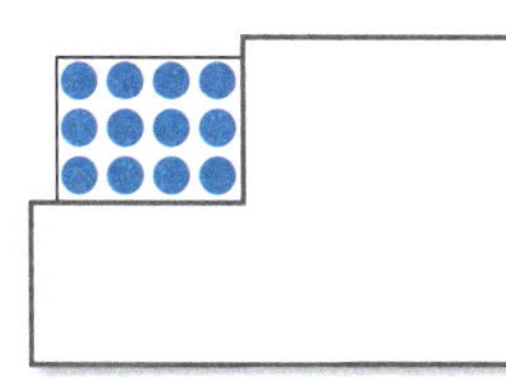

5 Schreibe die Vierer-Reihe in dein Heft.

5) 1 · 4 = 4
2 · 4 =

6 Trage die fehlenden Aufgaben und Ergebnisse der Vierer-Reihe in deine große Einmaleins-Tafel ein. Trage auch die Tauschaufgaben ein.

7

a)	b)	c)	d)
8 = __ · 4	20 = __ · 4	16 = __ · 4	12 = __ · 4
16 = __ · 4	40 = __ · 4	32 = __ · 4	24 = __ · 4

4 Wenn nötig, das Hunderterfeld nutzen.

Vorherige Bearbeitung Themenheft Addieren und Subtrahieren bis S. 47 empfohlen.

AH S. 35

Entdeckungen zu den Einmaleins-Reihen

1 Findet die Regel. Löst die Aufgaben und setzt fort, so weit wie ihr könnt.

a) 2 · 2   3 · 2   4 · 2
   4 · 2   6 · 2   __

b) 2 · 4   3 · 4   __
   4 · 4   6 · 4   __

2 Was stimmt?

a) 2 · 2 ist das Doppelte von 2 · 4.
b) 4 · 4 ist das Doppelte von 2 · 2.
c) 4 · 2 ist das Doppelte von 2 · 2.
d) 4 · 4 ist das Doppelte von 4 · 2.

3

a) 4 · __ = 8
   4 · __ = 16

b) 3 · __ = 6
   3 · __ = 12

c) 5 · __ = 10
   __

d) 9 · __ = 18
   __

4

a) 16 = __ · 2
   16 = __ · 4

b) 12 = __ · 2
   12 = __ · 4

c) 20 = __ · 2
   20 = __ · 4

d) 8 = __ · 2
   8 = __ · 4

5 a) Welche Kartenpaare passen?

□ · 4 = □ · 2

3 | 6   6 | 8   20 | 30   20 | 40

10 | 20   25 | 50

b) Schreibe drei eigene Kartenpaare, die passen.

6 a) Schreibe alle Zahlen der Zweier-Reihe auf.
b) Schreibe alle Zahlen der Vierer-Reihe auf.
c) Welche Zahlen gehören zur Zweier-Reihe und auch zur Vierer-Reihe? Unterstreiche sie.

6 a) 2, 4,
  b) 4, 8,

7 Was stimmt?

a) Alle Zahlen der Vierer-Reihe gehören auch zur Zweier-Reihe.
b) Alle Zahlen der Zweier-Reihe gehören auch zur Vierer-Reihe.

AH S. 35

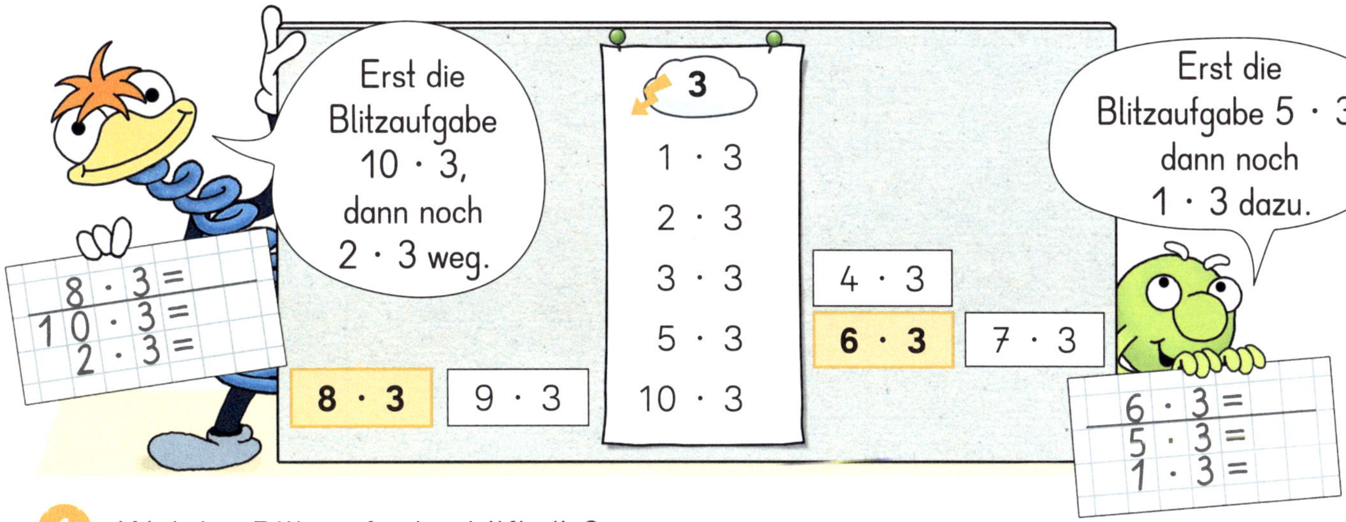

1 Welche Blitzaufgabe hilft dir?

a) 8 · 3   b) 6 · 3   c) 9 · 3   d) 4 · 3

2

a)	b)	c)	d)	e)
⚡ 10 · 3	⚡ 5 · 3	⚡ 2 · 3	⚡ 3 · 3	⚡ 5 · 3
9 · 3	6 · 3	3 · 3	4 · 3	4 · 3
8 · 3	7 · 3	4 · 3	5 · 3	3 · 3

3 Aufgabe und Ergebnis. Was gehört zusammen? Schreibe in dein Heft.

8 · 3   7 · 3   9 · 3   0 · 3   27   4 · 3

0   21   6 · 3   24   12   18

4 Schreibe Aufgabe und Tauschaufgabe in dein Heft.

a) 5 · 3   b) 7 · 3   c) 8 · 3   d) 6 · 3
3 · 5   ___   ___   ___

5 Schreibe die Aufgaben der Dreier-Reihe in dein Heft.

5) 1 · 3 = 3
2 · 3 =

6 Trage die fehlenden Aufgaben und Ergebnisse der Dreier-Reihe in deine große Einmaleins-Tafel ein. Trage auch die Tauschaufgaben ein.

7 a) 6 = ___ · 3   b) 9 = ___ · 3   c) 12 = ___ · 3   d) 15 = ___ · 3
12 = ___ · 3   18 = ___ · 3   24 = ___ · 3   30 = ___ · 3

Hier fällt etwas auf!

4 Wenn nötig, das Hunderterfeld nutzen.

11 C-D   AH S. 36

Einmaleins der 6

1 Welche Blitzaufgabe hilft dir?

a) 8 · 6   b) 4 · 6   c) 9 · 6   d) 3 · 6   e) 7 · 6

2

a)	b)	c)	d)	e)
⚡ 10 · 6	⚡ 5 · 6	⚡ 2 · 6	⚡ 6 · 6	⚡ 5 · 6
9 · 6	6 · 6	3 · 6	7 · 6	4 · 6
8 · 6	7 · 6	4 · 6	8 · 6	3 · 6

3 Aufgabe und Ergebnis. Was gehört zusammen? Schreibe in dein Heft.

7 · 6   5 · 6   9 · 6   0 · 6   6 · 6   4 · 6

0   54   30   24   36   42

4 Schreibe Aufgabe und Tauschaufgabe in dein Heft.

a) 3 · 6   b) 5 · 6   c) 8 · 6   d) 9 · 6
6 · 3   __   __   __

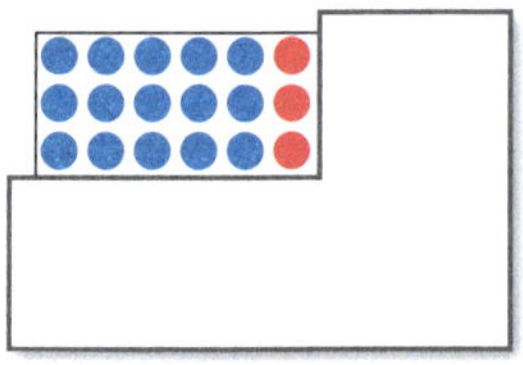

5 Schreibe die Aufgaben der Sechser-Reihe in dein Heft.

6 Trage die fehlenden Aufgaben und Ergebnisse der Sechser-Reihe in deine große Einmaleins-Tafel ein. Trage auch die Tauschaufgaben ein.

7

a)	b)	c)	d)
12 = __ · 6	18 = __ · 6	30 = __ · 6	24 = __ · 6
24 = __ · 6	36 = __ · 6	60 = __ · 6	48 = __ · 6

AH S. 37

4 Wenn nötig, das Hunderterfeld nutzen.

Entdeckungen zu den Einmaleins-Reihen

1 Findet die Regel. Löst die Aufgaben und setzt fort, so weit wie ihr könnt.

a) 2 · 3 | 3 · 3 | 4 · 3
   4 · 3 | 6 · 3 | __

b) 2 · 6 | 3 · 6 | __
   4 · 6 | 6 · 6 | __

2 Was stimmt?

a) 2 · 6 ist die Hälfte von 4 · 6.
b) 3 · 3 ist die Hälfte von 6 · 6.
c) 3 · 6 ist die Hälfte von 6 · 6.

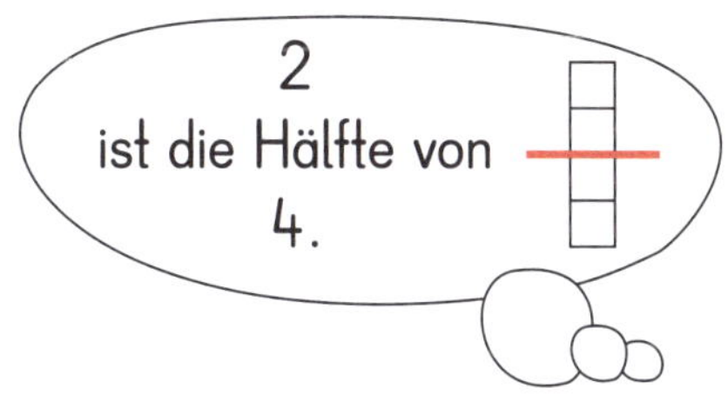

3
a) 3 · __ = 9
   3 · __ = 18
b) 5 · __ = 15
   5 · __ = 30
c) 4 · __ = 12
   __
d) 8 · __ = 24
   __

4
a) 12 = __ · 3
   12 = __ · 6
b) 18 = __ · 3
   18 = __ · 6
c) 24 = __ · 3
   24 = __ · 6
d) 30 = __ · 3
   30 = __ · 6

5 a) Welche Kartenpaare passen?

☐ · 6 = ☐ · 3

4 8 | 6 10 | 2 1 | 8 9 | 5 7 | 10 20

b) Schreibe drei eigene Kartenpaare, die passen.

6
a) Schreibe alle Zahlen der Dreier-Reihe auf.
b) Schreibe alle Zahlen der Sechser-Reihe auf.
c) Welche Zahlen gehören zur Dreier-Reihe und auch zur Sechser-Reihe? Unterstreiche sie.

6 a) 3, 6,
  b) 6, 12,

7 Was stimmt?

a) Alle Zahlen der Sechser-Reihe gehören auch zur Dreier-Reihe.
b) Alle Zahlen der Dreier-Reihe gehören auch zur Sechser-Reihe.

Einmaleins der 8

1 Welche Blitzaufgabe hilft dir?

a) 4 · 8 b) 7 · 8 c) 9 · 8 d) 3 · 8 e) 6 · 8

2

a)	b)	c)	d)	e)
⚡ 10 · 8	⚡ 5 · 8	⚡ 2 · 8	⚡ 8 · 8	⚡ 5 · 8
9 · 8	6 · 8	3 · 6	7 · 8	4 · 8
8 · 8	7 · 8	4 · 8	6 · 8	3 · 8

3 Aufgabe und Ergebnis. Was gehört zusammen? Schreibe in dein Heft.

7 · 8 6 · 8 24 2 · 8 64 3 · 8

0 16 8 · 8 0 · 8 56 48

4 Schreibe Aufgabe und Tauschaufgabe in dein Heft.

a) 3 · 8 b) 7 · 8 c) 2 · 8 d) 1 · 8

8 · 3 __ __ __

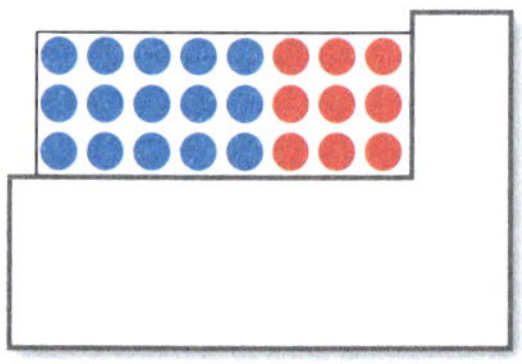

5 Schreibe die Aufgaben der Achter-Reihe in dein Heft.

6 Trage die fehlenden Aufgaben und Ergebnisse der Achter-Reihe in deine große Einmaleins-Tafel ein. Trage auch die Tauschaufgaben ein.

7

a)	b)	c)	d)
16 = __ · 8	24 = __ · 8	40 = __ · 8	32 = __ · 8
32 = __ · 8	48 = __ · 8	80 = __ · 8	64 = __ · 8

AH S. 38

4 Wenn nötig, das Hunderterfeld nutzen.

Einmaleins der 9

1 Welche Blitzaufgabe hilft dir?

a) 4 · 9 b) 8 · 9 c) 3 · 9 d) 6 · 9 e) 7 · 9

2

a) ⚡ 10 · 9, 9 · 9, 8 · 9

b) ⚡ 5 · 9, 6 · 9, 7 · 9

c) ⚡ 2 · 9, 3 · 9, 4 · 9

d) ⚡ 9 · 9, 8 · 9, 7 · 9

e) ⚡ 5 · 9, 4 · 9, 3 · 9

3 Aufgabe und Ergebnis. Was gehört zusammen? Schreibe in dein Heft.

2 · 9 | 4 · 9 | 63 | 18 | 7 · 9 | 54

0 | 36 | 9 · 9 | 0 · 9 | 6 · 9 | 81

4 Schreibe Aufgabe und Tauschaufgabe in dein Heft.

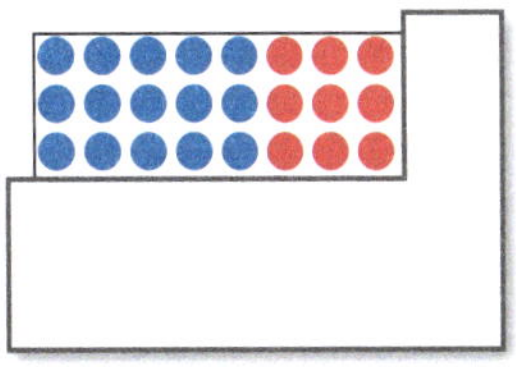

a) 4 · 9 b) 7 · 9 c) 6 · 9 d) 2 · 9

9 · 4 ___ ___ ___

5 Schreibe die Aufgaben der Neuner-Reihe in dein Heft.

6 Trage die fehlenden Aufgaben und Ergebnisse der Neuner-Reihe in deine große Einmaleins-Tafel ein. Trage auch die Tauschaufgaben ein.

7

a) 18 = ___ · 9
36 = ___ · 9

b) 27 = ___ · 9
54 = ___ · 9

c) 45 = ___ · 9
90 = ___ · 9

d) 36 = ___ · 9
72 = ___ · 9

AH S. 39

4 Wenn nötig, das Hunderterfeld nutzen.

Entdeckungen zu den Einmaleins-Reihen

1 Benutzt eine Hundertertafel. Kreist ein:

a) alle Zahlen der Dreier-Reihe grün,

b) alle Zahlen der Sechser-Reihe rot,

c) alle Zahlen der Neuner-Reihe blau.

d) Welche Zahlen habt ihr zweimal eingekreist? Schreibt sie auf.

e) Welche Zahlen habt ihr dreimal eingekreist? Schreibt sie auf.

2 Benutzt eine Hundertertafel. Kreist ein:

a) alle Zahlen der Vierer-Reihe rot,

b) alle Zahlen der Achter-Reihe blau.

3 Was stimmt?

a) Alle Zahlen der Vierer-Reihe sind auch Zahlen der Achter-Reihe.

b) Alle Zahlen der Achter-Reihe sind auch Zahlen der Vierer-Reihe.

4 Multipliziere mit 2 und mit 4. Was fällt dir auf?

a) 2 · ___ = 16
4 · ___ = 16

b) 2 · ___ = 12
4 · ___ = 12

c) 2 · ___ = 20
4 · ___ = 20

d) 2 · ___ = 8
4 · ___ = 8

> **Multiplizieren** heißt malnehmen.

5

a) 24 = 4 · ___
24 = 8 · ___

b) 40 = 4 · ___
40 = 8 · ___

c) 32 = 4 · ___
32 = 8 · ___

d) 16 = 4 · ___
16 = 8 · ___

6 Findest du die Regel?

a) 1 · 9 = 1 · 10 − 1 =
2 · 9 = 2 · 10 − ___
3 · 9 = 3 · 10 − ___

b) 6 · 9
9 · 9
4 · 9

c) 8 · 9
7 · 9
5 · 9

12 A-E

1 Die Zahlen der Dreier- und Sechser-Reihe bis 90 einkreisen.
2 Die Zahlen der Vierer-Reihe bis 80 einkreisen.

Einmaleins der 7

1 Welche Blitzaufgabe hilft dir?

a) 4 · 7 b) 9 · 7 c) 3 · 7 d) 6 · 7 e) 8 · 7

2

a)	b)	c)	d)	e)
⚡ 10 · 7	⚡ 5 · 7	⚡ 2 · 7	⚡ 7 · 7	⚡ 5 · 7
9 · 7	6 · 7	3 · 7	6 · 7	4 · 7
8 · 7	7 · 7	4 · 7	5 · 7	3 · 7

3 Aufgabe und Ergebnis. Was gehört zusammen? Schreibe in dein Heft.

7 · 7 21 28 0 8 · 7 3 · 7

6 · 7 4 · 7 0 · 7 56 42 49

4 Schreibe Aufgabe und Tauschaufgabe in dein Heft.

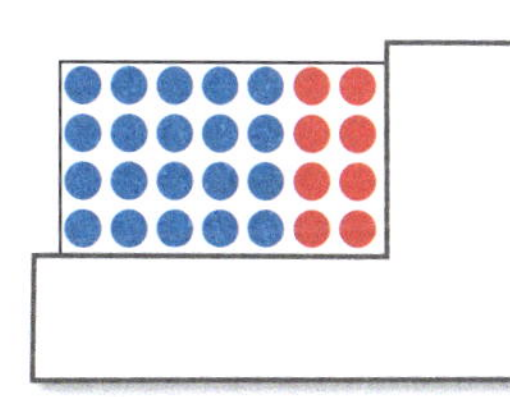

a)	b)	c)	d)
4 · 7	6 · 7	8 · 7	3 · 7
7 · 4	__	__	__

e)	f)	g)	h)
9 · 7	5 · 7	2 · 7	1 · 7
__	__	__	__

5 Schreibe die Aufgaben der Siebener-Reihe in dein Heft.

6

a)	b)	c)	d)
14 = __ · 7	21 = __ · 7	35 = __ · 7	28 = __ · 7
28 = __ · 7	42 = __ · 7	70 = __ · 7	56 = __ · 7

AH S. 40-41

4 Wenn nötig, das Hunderterfeld nutzen.

Aufteilen und verteilen

1 Schreibe die Geteiltaufgaben in dein Heft.

a) 8 Brezeln, immer 2 in eine Tüte.

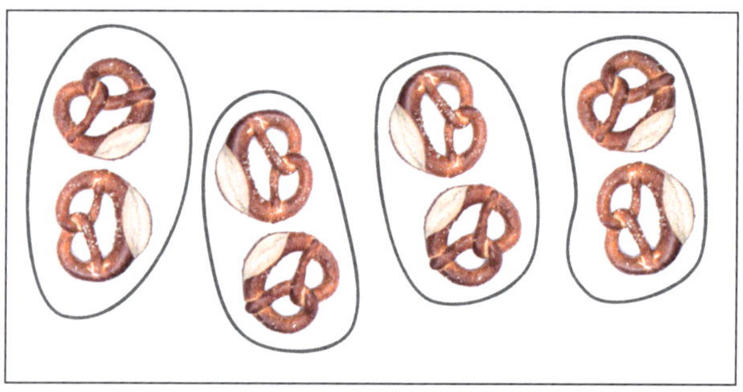

8 : 2 = 4

b) 12 Brezeln, immer 2 in eine Tüte.

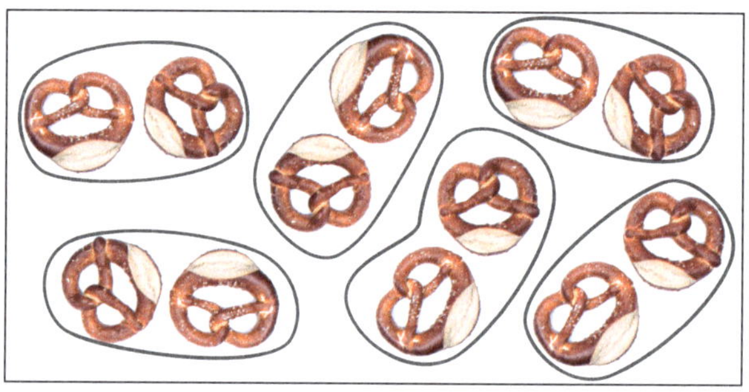

12 :

c) 24 Orangen, immer 6 in ein Netz.

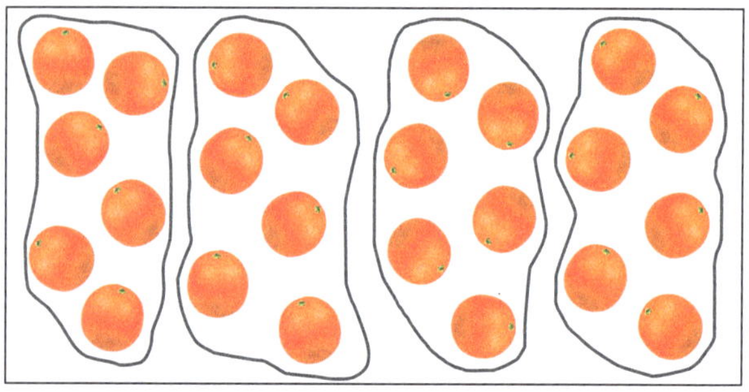

d) 21 Äpfel, immer 7 in ein Netz.

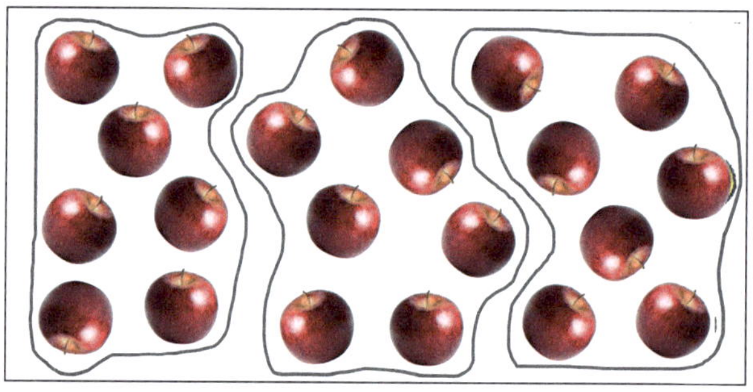

2 Verteile immer an 4 Kinder. Schreibe die Geteiltaufgaben in dein Heft.

a) 16 Kekse

b) 24 Kekse

c) 20 Kekse

AH S. 42

Erklärvideo: Geteiltaufgaben – Aufteilen und verteilen

Dividieren

1 Wie heißt die passende Geteiltaufgabe?
Schreibe sie auf.

a) In einem Kartenspiel sind 40 Karten.
Fünf Kinder spielen mit.
Wie viele Karten bekommt jedes Kind?

b) Ben hat 40 Karten verteilt. Jedes Kind hat 10 Karten bekommen.
Wie viele Kinder spielen mit?

2 Verteile gerecht an 5 Kinder.

a) 15 Murmeln b) 40 Filzstifte c) 5 Blöcke d) 50 Sammelbilder

3 Schreibe wie Flex und Flo.

a)	b)	c)	d)	e)
16 : 2	30 : 5	35 : 7	40 : 8	20 : 2
24 : 4	42 : 6	15 : 3	45 : 9	14 : 7

4 Denke an die Malaufgabe.

a)	b)	c)	d)	e)
30 : 5	12 : 6	40 : 5	35 : 5	9 : 3
30 : 6	12 : 3	40 : 8	15 : 5	30 : 3
30 : 10	12 : 2	40 : 4	50 : 5	18 : 3

5

a)	b)	c)	d)	e)
25 : 5	72 : 8	63 : 9	81 : 9	42 : 6
36 : 6	20 : 4	42 : 7	63 : 7	64 : 8
49 : 7	56 : 7	56 : 8	45 : 5	35 : 7

6 Aufgaben mit der Null!

a)	b)	c)	d)	e)
0 · 2	0 : 3	2 + 0	0 + 4	0 − 0
2 · 0	0 : 5	3 − 0	0 · 4	0 · 0

Dividieren

1 Dividiere immer durch 2. Was fällt dir auf?

a) 6 : 2
8 : 2

b) 12 : 2
14 : 2

c) 2 : 2
4 : 2

Dividieren heißt geteilt rechnen.

2 Dividiere immer durch 2 und durch 4. Was fällt dir auf?

a) 4 : 2
8 : 4

b) 12 : 2
24 : 4

c) 2 : 2
4 : 4

d) 8 : 2
16 : 4

e) 20 : 2
40 : 4

3 Erkennst du die Regel? Setze fort.

a) 12 : 3
16 : 4
20 : 5
24 : 6
28 : __

b) 30 : 5
36 : 6
42 : 7
48 : __
__

c) 4 : 2
6 : 3
__
__
__

d) 36 : 4
45 : 5
__
__
__

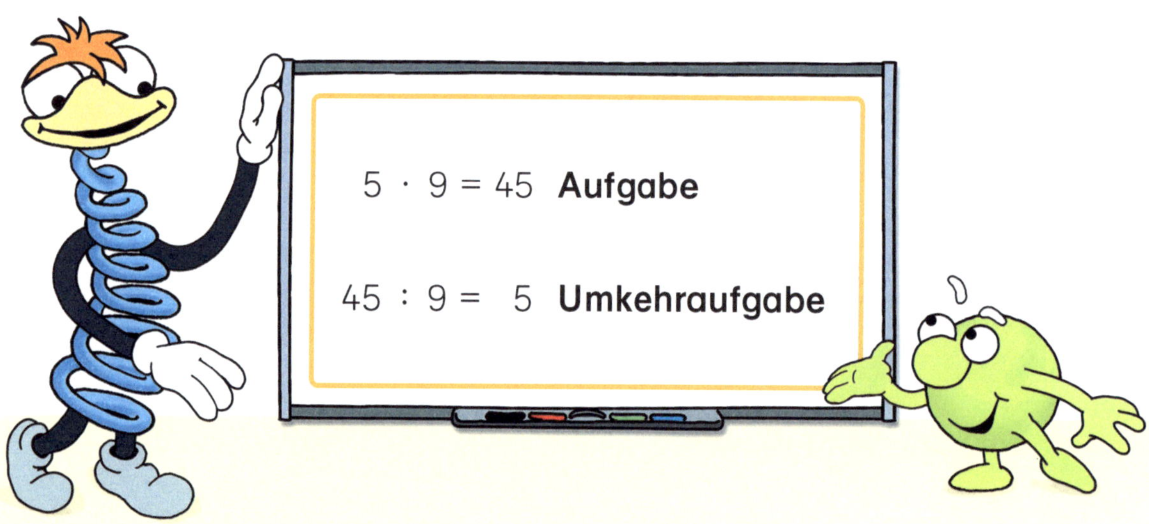

4 Schreibe die Aufgabe und die Umkehraufgabe.

a) 7 · 2
b) 6 · 5
c) 4 · 8
d) 5 · 8
e) 2 · 9
f) 6 · 3
g) 3 · 5
h) 5 · 4
i) 8 · 6

4 a) 7 · 3 = 21
21 : 3 = 7

5 Schreibe Malaufgaben mit dem Ergebnis 12.
Schreibe immer auch die Umkehraufgabe auf.

5) 2 · 6 = 12
12 : 6 = 2

AH S. 43

Aufgabenfamilien

Drei Zahlen, vier Aufgaben.

3	15	5

3 · 5 = __	15 : 5 = __
5 · 3 = __	15 : 3 = __

1 Schreibe die vier Aufgaben und die Ergebnisse in dein Heft.

a)

2	12	6

2 · 6 = 12	12 : 6 = __
6 · 2 = __	12 : 2 = __

b)

4		7

4 · 7 = __	
7 · 4 = __	

2 a)

6	18	☐

b)

☐	20	5

3 Findet ihr alle Häuser zur 24?
Schreibt immer die vier Aufgaben auf.

☐	24	☐

4 Es gibt auch Häuser mit nur einem Stockwerk. Welche sind das?
Schreibt die Zahlen im Dach und die Aufgaben auf.

a)

5	25	☐

b)

☐	36	☐

5

☐		☐

Die Zahl im großen Fenster
hat einen Zehner mehr als Einer.
Die Zahl im einen kleinen Fenster
ist um 3 größer als die Zahl
im anderen kleinen Fenster.
Findest du zwei Lösungen?

1–3 Alle vier Aufgaben mit den Ergebnissen aufschreiben.
5 Die gesuchten Zahlen und die Aufgaben aufschreiben.

13 A-D AH S. 44

Rechnen in Sachsituationen

1 Wie viel Euro kostet es zusammen?

a) 

1 a) 4 · 5 € =

b) 

c) 

d) 

e) 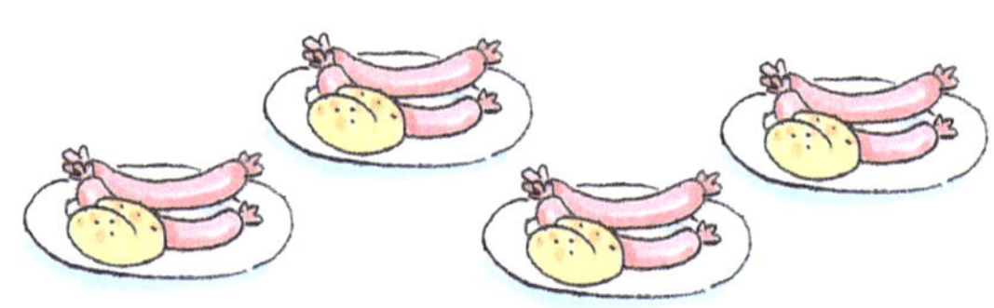

2 a) Herr Neufeld kauft 2 Portionen Nudeln.
Wie viel bezahlt er?

b) Herr Altberg kauft 5 Portionen Würstchen.
Wie viel bezahlt er?

c) Eine Wandergruppe kauft 9 Hamburger,
7 Portionen Nudeln und 6 Schnitzel.
Wie viel bezahlen sie zusammen?

2 a) 2 · __ € = __ €
Er bezahlt __ €.

3 Schreibe eine eigene Einkaufsgeschichte.
Dein Partnerkind löst sie.

Vorherige Bearbeitung Themenheft Sachrechnen und Größen, S. 4-12 und S. 28-32 empfohlen.

Rechnen in Sachsituationen

Schreibe die Lösung (L.) und die Antwort (A.) in dein Heft.

1 Frau Fan bezahlt 15 €.
Sie hat drei gleiche Gerichte bestellt.
Wie teuer ist ein Gericht?
Was hat Frau Fan bestellt?
Antwort: Ein Gericht kostet … . Sie hat …

1) L.: ______
A.: Ein Gericht __

2 Herr Wagner bezahlt 36 € für Schweinshaxen.
Wie viele Portionen hat er gekauft?
Antwort: Herr Wagner hat …

3 Frau Ramirez muss 12 € bezahlen. Sie hat nur gleiche Gerichte bestellt.
a) Was kann sie bestellt haben? Schreibe eine Möglichkeit auf.
Antwort: Frau Ramirez hat …
b) Findest du noch eine andere Möglichkeit?

4 Herr Akele bezahlt 27 € für Speisen und Getränke.
Alle essen das Schnitzel. Wie teuer sind die Getränke?
Antwort: Die Getränke kosten …

5 Wie teuer sind die Getränke?
Berechne die Preise und schreibe die Preisliste in dein Heft.

Getränke-Preise	
Apfelsaft	___ €
Orangensaft	___ €
Kirschsaft	___ €
Kakao	___ €
Wasser	___ €
Milch	___ €

6 Herr Krüger bezahlt für drei Getränke 7 €. Was kann er gekauft haben?
Finde verschiedene Möglichkeiten.

Textverarbeitung: Eigene Sachaufgaben zur Sachsituation schreiben (Vorlage in der BiBox für Lehrer/-innen).
6 Es gibt acht Möglichkeiten.

Dividieren mit Rest

1 a) Immer 6 Erdbeeren auf 1 Teller. b) Immer 8 Erdbeeren auf 1 Teller.

13 : 6 = Rest

25 : 8 =

2 Verteile 14 Plättchen an
a) 3 Kinder b) 4 Kinder c) 5 Kinder
Schreibe die Geteiltaufgabe in dein Heft.

2 a) 14 : 3 =

3 Verteile 21 Plättchen an
a) 6 Kinder b) 7 Kinder c) 8 Kinder d) 9 Kinder
Schreibe die Geteiltaufgabe in dein Heft.

4

a)	b)	c)
35 : 6	49 : 8	16 : 5
18 : 5	25 : 7	32 : 6
27 : 4	23 : 9	8 : 7

4 a) 35 : 6 = 5 R 5

5

a)	b)	c)	d)
11 : 5	37 : 6	43 : 7	16 : 3
12 : 5	38 : 6	44 : 7	15 : 3
13 : 5	39 : 6	45 : 7	14 : 3

AH S. 45

Videoaufnahme: Erklärfilm zum Dividieren mit Rest aufnehmen.

Elefanten-Einmaleins

1 Haben sich diese Elefanten richtig aufgestellt? Prüft nach.

a) 

b) 

2 Wie viele Elefanten können sich aufstellen?
Schreibt die Zahlen auf den Decken auf.

2 a) 97, 63,

a) 

b) 

c) 

d) 

3 Welche Zahlen gehören auf die Decken? Schreibt sie auf.

a) 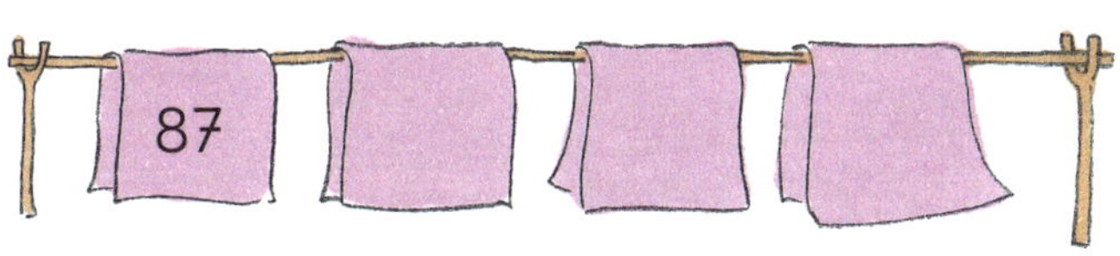

b) 

c) 

d) 

4 Aufgepasst!

a) 

b) 

Die Ziffern der Zahl werden multipliziert. Das Ergebnis ist die nächste Zahl der Zahlenfolge.

Schreibe die Lösung und die Antwort in dein Heft.

1 Auf den Schneeberg fährt die Seilbahn „Edelweiß".
In eine Gondel passen immer vier Personen.
Sieben Gondeln sind schon voll besetzt.
Wie viele Personen sitzen in den sieben Gondeln?
A.: In den sieben Gondeln ...

2 Eine Gruppe mit 40 Personen will auch auf den Berg fahren.
Wie viele Gondeln werden benötigt?

3 In der Klasse 2c sind 24 Kinder, zwei Lehrerinnen fahren auch mit.
Wie viele Gondeln werden benötigt?

4 Die Klasse 2b will mit ihrer Lehrerin mit der Seilbahn fahren.
Es sind insgesamt 23 Personen. Sina sagt: „Wir brauchen fünf Gondeln."
Stimmt das?

5 An der Kasse muss die Lehrerin der Klasse 2b
48 € bezahlen. Die Fahrkarte für die Lehrerin
ist doppelt so teuer wie eine Kinderkarte.
Wie teuer ist die Karte für die Lehrerin?
Wie teuer ist eine Kinderkarte?

Vorherige Bearbeitung Themenheft Sachrechnen und Größen, S. 28-32 empfohlen.

6 Auf den Schneeberg fährt auch die Seilbahn „Blausee“. Hier passen sechs Personen in eine Gondel.
In einer Stunde fahren 16 Gondeln zum Gipfel.
Alle Gondeln sind voll besetzt.
Wie viele Personen sind hochgefahren? Löse mit einer Tabelle.

Gondel	1	4	8	16
Personen	6			

7 Eine Gruppe mit 35 Personen will auch mit der Seilbahn „Blausee“ fahren.
Wie viele Gondeln werden benötigt?

8 Die Klasse 2a macht mit ihrem Lehrer einen Ausflug zum Schneeberg.
Sie fahren mit den 4er-Gondeln hoch und mit den 6er-Gondeln wieder herunter.
Niklas sagt: „Bei den acht 4er-Gondeln bleiben Plätze frei, die 6er-Gondeln werden alle voll.“
Wie viele Kinder sind in der Klasse?

9 Von einer Gruppe mit 44 Personen wollen 10 Personen zu Fuß vom Schneeberg ins Tal wandern. Die anderen nehmen die Seilbahn „Blausee“. Wie viele Gondeln benötigen sie?

Entdecken und knobeln

1 Finde viele Punktebilder zu den Ergebnissen.
Schreibe immer die Malaufgabe dazu.

a) 12 b) 18 c) 20

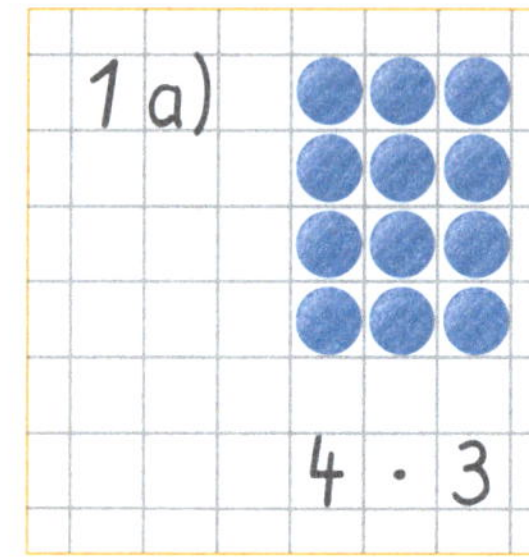

2

a) Das Doppelte der Zahl ist 18.

b) Das Fünffache der Zahl ist 40.

c) Das Doppelte der Zahl ist das Fünffache von 4.

d) Die Hälfte der Zahl ist das Zehnfache von 5.

e) Das Doppelte der Zahl ist größer als das Fünffache von 3 und kleiner als das Doppelte von 9.

3 Welche Zahlen sind es?

△ · △ < 10

△ · ○ > 10

○ · □ = 20

△ · □ > 14

3) △ =
○ =
□ =

4 Finde beide Lösungen.

Die Zahl ist kleiner als 10.
Sie gehört zu
vier Einmaleins-Reihen.

1 Die Aufgabe eignet sich im Anschluss an Seite 7.
2 Die Aufgabe eignet sich im Anschluss an Seite 15.
3 Die Aufgabe eignet sich im Anschluss an Seite 21.
4 Die Aufgabe eignet sich im Anschluss an Seite 27.

5 ⊕, ⊖ oder ⊙?

a) 6 ◯ 2 = 4 ◯ 2
b) 5 ◯ 3 = 8 ◯ 7
c) 3 ◯ 10 = 36 ◯ 6
d) 12 ◯ 30 = 7 ◯ 6
e) 10 ◯ 4 = 2 ◯ 3

6 Jedes Zeichen eine Ziffer.

○ : 2 < 3
□ ⬠ : △ = 3
□ ○ : ○ = 6
2 · △ < 13

7

a) Die Zahl im großen Fenster liegt zwischen 10 und 30. Die Zahl im einen kleinen Fenster ist das Doppelte der anderen.

b) Die Zahl im großen Fenster liegt zwischen 40 und 60. Die Zahlen in den kleinen Fenstern sind gleich groß.

c) Die Zahl im großen Fenster liegt zwischen 10 und 20. Die Zahl im einen kleinen Fenster ist um 7 größer als die andere.

8 Wie viele Kinder sind in der Klasse?

5 Die Aufgabe eignet sich im Anschluss an Seite 27.
6 Die Aufgabe eignet sich im Anschluss an Seite 31.
7 Die Aufgabe eignet sich im Anschluss an Seite 33.
8 Die Aufgabe eignet sich im Anschluss an Seite 36.

Malaufgaben

3 **mal** 6

3 · 6

Aufgabe	**Tauschaufgabe**
2 · 4 = 8	4 · 2 = 8

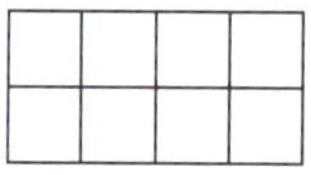

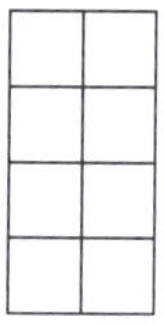

Verdoppeln, verfünffachen und verzehnfachen

Das **Doppelte**

1 · 3 = 3

2 · 3 = 6

Das Doppelte von 3 ist 6.

Das **Fünffache**

1 · 3 = 3

5 · 3 = 15

Das Fünffache von 3 ist 15.

Das **Zehnfache**

1 · 3 = 3

10 · 3 = 30

Das Zehnfache von 3 ist 30.

Quadratzahlen

1 · 1 = 1 **Quadratzahl** 1

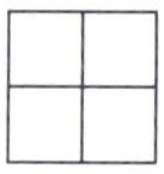

2 · 2 = 4 **Quadratzahl** 4

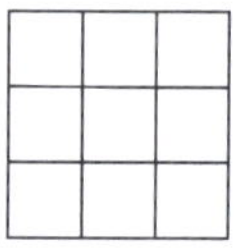

3 · 3 = 9 **Quadratzahl** 9

...

Rechnen mit Blitzaufgaben

9 · 4

9 · 4 = 36
10 · 4 = 40
1 · 4 = 4

Erst die Blitzaufgabe 10 · 4, dann noch 1 · 4 weg.

6 · 4

6 · 4 = 24
5 · 4 = 20
1 · 4 = 4

Erst die Blitzaufgabe 5 · 4, dann noch 1 · 4 dazu.

Geteiltaufgaben

8 **geteilt durch** 2

8 : 2

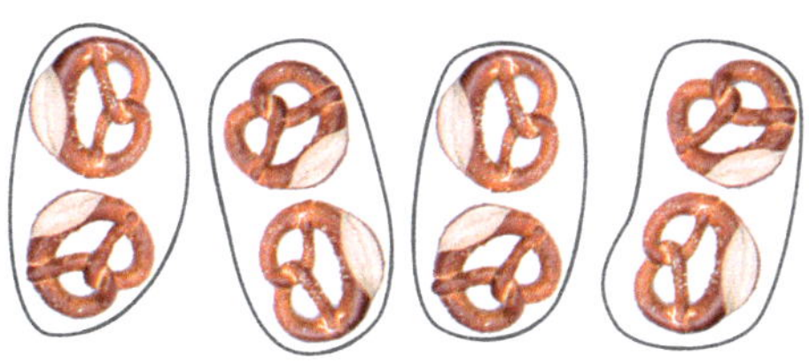

8 Brezeln, immer 2 in eine Tüte.

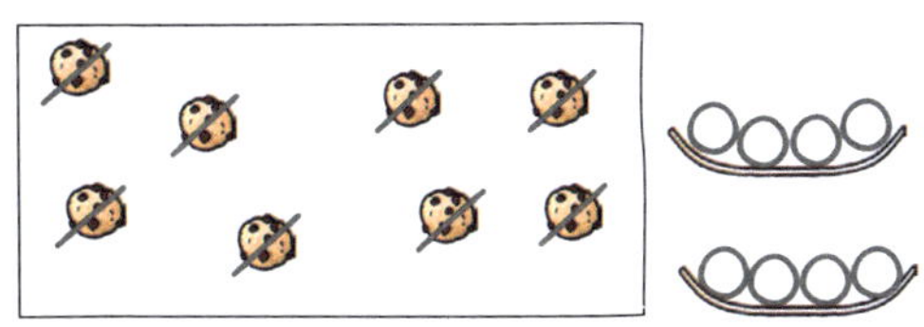

8 Kekse, verteilt auf 2 Teller.

16 : 2

16 : 2 = 8

16 : 2 = 8, denn 8 · 2 = 16

Rest

17 : 5 = 3 Rest 2

17 : 5 = 3 R 2

2 bleiben übrig.

Multiplizieren und dividieren

5 · 9 = 45 **Aufgabe**
45 : 9 = 5 **Umkehraufgabe**

Multiplizieren heißt malnehmen.

Dividieren heißt geteilt rechnen.

MATERIALIEN FÜR SCHÜLERINNEN UND SCHÜLER

Addieren und Subtrahieren 2 .... 978-3-14-**118126**-5
Multiplizieren und Dividieren 2 .... 978-3-14-**118127**-2
Geometrie 2.. 978-3-14-**118128**-9
Sachrechnen und Größen 2........................... 978-3-14-**118129**-6

Lernpaket 2
4 Themenhefte + Beilagen.............................. 978-3-14-**118130**-2
BiBox für Schüler/-innen..................................... WEB-14-**118145**

ZUSATZMATERIALIEN
Arbeitsheft 2.. 978-3-14-**118133**-3
Trainingsheft 2... 978-3-14-**118162**-3
Trainingsheft Interaktiv 2..................................... WEB-14-**118180**

Themenhefte inklusiv B
Zahlen bis 20 (B).. 978-3-14-**118413**-6
Rechnen bis 20 (B).. 978-3-14-**118414**-3
Geometrie (B)... 978-3-14-**118415**-0
Sachrechnen und Größen (B)......................... 978-3-14-**118416**-7

Lernpaket inklusiv B
4 Themenhefte + Beilagen 978-3-14-**118412**-9

MATERIALIEN FÜR LEHRERINNEN UND LEHRER

Handreichung 2.. 978-3-14-**118135**-7
BiBox für Lehrer/-innen 2, *Einzellizenz* WEB-14-**118146**
Kollegiumslizenz WEB-14-**118148**

Kopiervorlagen 2.. 978-3-14-**118152**-4
Förder-Kopiervorlagen 2 .... 978-3-14-**118154**-8
Forder-Kopiervorlagen 2 .... 978-3-14-**118156**-2
Lernwege-Karten 2.. 978-3-14-**118159**-3
Diagnoseheft 2 .... 978-3-14-**118149**-4
Entdeckerkartei 2 .... 978-3-14-**118161**-6

10 Sätze Einmaleins-Tafel............................. 978-3-14-**118185**-2